Step-by-step

the basic technique to wire jewelry

Step-by-step

the basic technique to wire jewelry

UNIQUE & EASY

Sharon 浪漫復古風

金屬線編織書

正如和人有緣分深淺可言，和金屬線產生緣分也是。

十幾年前我住在澳洲布里斯本，某日送完小孩上學，我在附近一個優美的小鎮閒逛散步，忽然被一間美麗又有味道的小店吸引住目光，走進去晃晃，隨及被那裡面件件獨特的金屬線藝術飾品迷住了，從此展開我的「玩線之路」。

回台居住後，因忙碌的生活而荒廢了一陣子，直到孩子長大，重拾鉗子，也重拾我鍾愛的金屬線；其間，也與幾位金屬線的老師學習。經過反覆練習和琢磨再加上自己的摸索，慢慢有了個人的風格與色彩。會開始教授學生也是意外的機緣，至今連自己都覺得不可思議！

創意的路雖說豐富多彩，偶爾也有寂寞孤獨的時刻；但，我由衷感謝身旁貴人與知己，真心鍾愛我作品與風格的學生，默默欣賞我的粉絲朋友，這些年在旁百分百支持守護我的家人和麻吉們；最重要的，感謝恩典，滿滿賜與我平安喜樂的 天父上帝！

PS.
謝謝文青麻吉蜜雪兒幫我的作品寫出了想表達的情境，
不然我詞窮實在沒有辦法寫出美麗優雅的文風……

我的總編團隊給我無限大的支持和發揮的空間，
技術一流的攝影師也替我的作品加分……

也特別感謝總是幫我瞻前顧後，
甚至選封面給意見的小花，
還有當我在FB上求救需要中文打字的小幫手時，
第一時間就跳出來幫我的polly。

衷心地感謝你們拯救了我。

Sharon Leung

作者簡介

Sharon姜雪玲
5年級生。
澳洲Griffith 大學畢業。
因為喜歡與眾不同，而進入有溫度的手作世界。
享受以金屬線編織出屬於自己的獨一無二。
在各地手作教室不定時展開金屬線教學之旅，
用心串連起歡笑&分享幸福的故事。

FB粉絲團　LePetitWorkshop
就是愛分享～美美的・浪漫的・有個性的・獨一的手作飾品。
in a friendly and relaxed atmosphere we share creations of wirework and lots of laughter....get a cuppa and get inspired!
https://www.facebook.com/LePetitWorkshop/

設計創作的理念

其實很多作品是設計給自己戴的，所以粉絲專頁上常常出現我的自拍照，因此還讓我自己的拍攝技巧稍微有進步。其實除了自戀之外也因臨時哪裡去找模特兒呀？不過憑良心說，如果對自己的作品沒有愛，怎麼說服他人喜歡我的作品呢！

Welcome to my world of wire wrapped jewelry

DIY

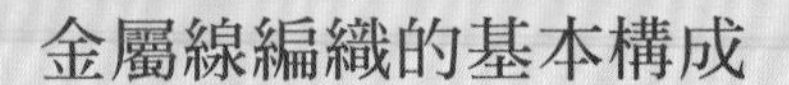

金屬線編織的基本構成

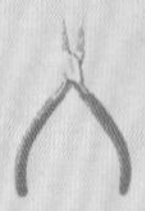

金屬線編織的入門基本功

與美麗的金屬線飾品相遇

Autumn

Cynthia

Dream Catcher

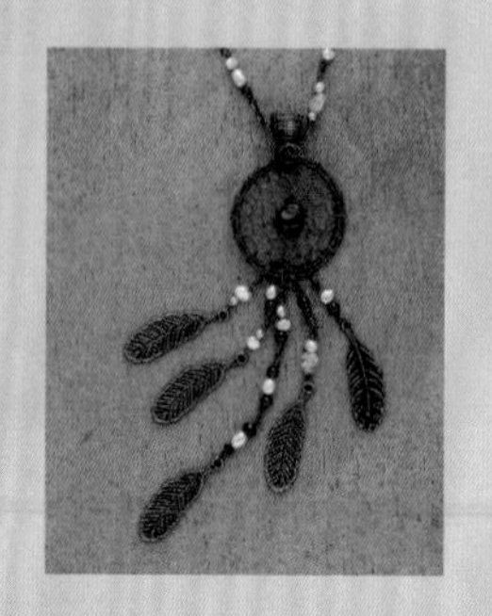

Elsa

Evelyn

Hana

Creations

美麗的
金屬線編織

Autumn

秋 意

How to make ／ p.76

尋常街道上總栽有桂花數株，
秋日，行經這路段總隱約聞到桂花飄來的細微味道……
是秋意正濃的一陣桂花雨！

這個細緻的手鐲採用不同色彩，結合成一朵朵細碎怡人的秋季桂花兒。

可以是閃爍著粉薔薇色的水晶、溫潤珊瑚紅的珠珠、樸實豆沙粉的小石子……
也可能是秋陽下金盞花溫暖的黃顏色，
選擇不同色彩的石頭，不同顏色的金屬 ，
勾勒出不同的風情，隨人自在～

或組合成晚霞下金黃蝴蝶翩翩飛舞的豐收風景，
亦是迷人耐看且具有文藝氣息的清新小品。

變 化 款

基本作法與「秋意」相同，但不進行串珠，
改為穿入施華洛世奇Becharmed珠。

Cynthia

欣希雅

How to make ／ p.82

我放你走，愈走愈遠的背影。

你說你要旅行世界一整圈；
走到東南西北，看過春夏秋冬，看遍世間絢麗美景。
千山萬水、四季流轉之後，
你，走回了原地；
我，仍在此地默默守候。

看到你的往昔，青春飛揚啊……一頭飛散黑髮！
看到你的如今，過盡千帆啊……滿目塵世的滄桑。

而，我依然在此等候……
你年少你老去，你美麗你肥胖，都不再重要！

我要戴著我親手編製的 Cynthia，美麗細緻的這條項鍊，
坐在這個溫馨的小角落，
等待你，
等待風塵僕僕從遠方歸來的你。

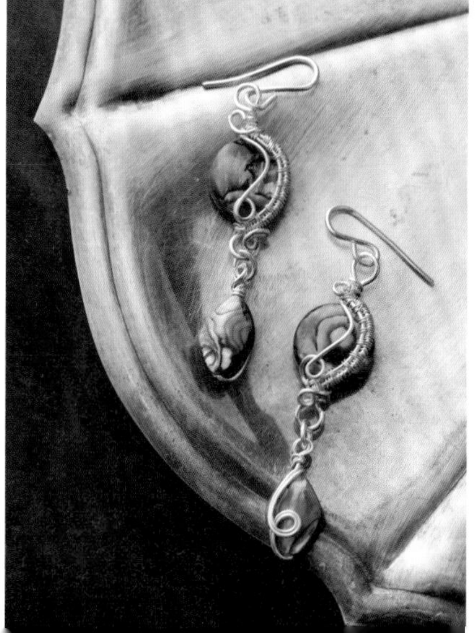

Dream
Catcher

捕夢網

How to make ／ p.86

打開法式花朵小布盒，
讓眼前的這條長鍊捕夢網，360° 在陽光中翻飛旋轉……

十八世紀的印地安人
使用皮革、玉石、藤編、羽毛……編織成如夢似幻的捕夢網。
傳說中捕夢網能擋住那些不愉快或恐懼的惡夢，
並迎來美好甜蜜的繽紛夢想。

當清晨的陽光從窗外照著你剛甦醒的面孔，
將捕夢網掛在床頭的你，綻放如花朵一般的璨爛笑顏。

親手以瑰麗珠寶編織這條捕夢網送給你的這個人，
是你的母親、愛人、閨蜜、女兒？
願意為你手作這條捕夢網的人，
是和你在人生小船上划槳前行的那個人！
是願意陪你承載夢想，時刻保你週全幸福的那個人。

Dream Catcher

延 伸 款

在捕夢網的墜頭＆邊框上，加上捲繞的花邊裝飾，
並串上大顆的天然石，作出更加華麗奔放的氛圍。

延伸款

編線一定要使用銅線嗎？一定只能與珠飾或天然石結合嗎？這件串連數個捕夢網作成的大件掛飾，是以不繡鋼線＋銀線＋金工技法製成的喔！不受限於規範的作法＆素材的創作樂趣，你一定要試試看！

Elsa

艾莎公主

How to make ／ p.90

聽說，
看《白雪公主》與《冰雪奇緣》長大的女孩們
擁有全然不同的思維方式。

這個手環，有著溫柔的外表和堅毅的內心，
正如經過時代變遷後的新女性。
從甜美可人的纖弱公主，
恬靜的在古堡中等侯騎著白馬的王子前來救援，
蛻變成一個為了姐妹情深樂於付出、接受挑戰、自救救人的女勇士……

為了親情，勇敢地迎向魔咒、解除冰封，依然能夠帶著笑容，
用堅毅的態度和開朗的活力，衝破迷霧，懷抱理想，
迎向更璨爛、更幸福的未來……

以相同作法，改變串珠的種類，
就能變化出氣質迥然不同的作品。

Evelyn

茵夢湖

How to make ／ p.94

因鑲嵌著不同色澤的天然石，
這款簡潔大器的 Evelyn，在每個人心中就是一幅不同的風景。
那位甜美的女孩帶著開心的表情：好像紐西蘭的 Wakatipu 湖！

我微笑看著她快樂的神情，刻在心上的嬌嫩表情。

蒂芬妮藍是我心目中與舊愛重逢時，靜謐流淌的「茵夢湖」水，
銀白色則是蘇州賞梅聖地，綿延千里、數里飄香的「香雪海」，
而紫色的是，洛杉磯長日落盡前，無邊無盡的彩霞滿天。

簡單雋永的外型，配上適合你心情的顏色，
是自己在煩悶生活中可以隨意轉換景色的「任意門」，
我仔細收藏，如同收藏她的笑容一般。

Hana

祕密花園

How to make ／ p.98

不管你來你走，不管風大雨大，不管機場車站，我也要接你送你。

在你纖細的頸上戴上繽紛美麗的花環，
那含苞欲放的花蕾，沾著水靈靈露珠一般粉嫩；
那盛開的花朵，嬌豔綻放著華麗與芬芳。

你含蓄地微笑著：機場人山人海，不要給我戴上花圈吧……

於是，這個靜靜的夜晚，坐在皎潔的月光下，我仔細地鈎著這條 HANA。

異 色 款

此作品的配色是大重點喔！不同的色系有不同的美感，試著多編幾條吧！花朵別針是活動式的設計，別在長鍊上、衣服或帽子上……可自行發創意！

紅石榴石是玫瑰和牡丹，
紫水晶是鳶尾花和紫丁香，
粉紅珊瑚是緋色櫻和芍藥，
藍色小石子是繡球花和飛燕草，
白瑪瑙是茉莉和白薔薇……

我一針一針鉤起這些美麗的小石頭，鉤成一條長長的思念；
就如一圈色彩繽紛的五彩花 。

你來你走，HANA 都繫在你優美的頸項上搖曳生姿。

Juliet

茱麗葉

How to make ／ p.102

我想和你一起慢慢變老，這不只是一首歌。
我想有你的陪伴，一起度過晴雨悲歡。

坐在這裡，我默默祈禱，和這枚美麗的戒指一樣。

最幸福的是找一個心有靈犀的人，
不只深情相望，更能一起望向共同的未來。

延 伸 款

以「茱麗葉」相同的編線技巧，
也可以作成單顆寶石的項鍊墜飾喔！

很想和你手牽著手，
慢慢走過一條彎彎的長路，每一個角落每一個轉彎，
「願得一人心白首不相離」
你在，於是我就有了依靠。

我默默祈禱——
戴著這枚美麗戒指的我，
和心愛的人一起坐在搖椅上哼著歌，
一起天長地久，
一起共度此生。

手環／P.12教作作品「秋意」。

Michelle's Faith

蜜之信約

How to make ／ p.104

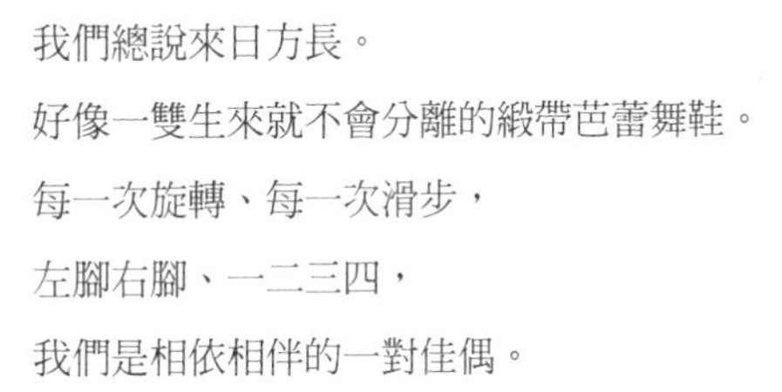

我們總說來日方長。
好像一雙生來就不會分離的緞帶芭蕾舞鞋。
每一次旋轉、每一次滑步，
左腳右腳、一二三四，
我們是相依相伴的一對佳偶。

有些甜蜜的話語，我們以為不必再說了；
你知我知，理所當然的……
我們都以為還有好長好長的餘生可以揮霍！

海誓山盟是不是太過做作？情意綿綿是不是太過老派？
所以，我們把盟約收藏妥當，
在顧盼的眼神中、在擦身而過的溫度中；
你 ：妳一定懂得的！

那夜，我從夢中醒來，空氣中有夏季濃醇梔子花的香味；
夢中情境俱已遺忘，連牽手的人是不是你都不能確定。

而，在夢中的你，好像忘了我們的約定了？
你已遠行，是不是忘記回家的道路？

我戴著這美麗的戒指，千山萬水地尋找，
尋回甜蜜的誓約，和深情款款不曾遺忘我的你；
要繼續陪我一生一世的你。

Pocahontas

風中奇緣

How to make ／ p.106

可以單獨配戴，也可以成對或多個混搭；
仿見美麗女子行經長巷，纓絡聲響如風鈴般清脆悅耳～

她自己有點異國風情，
是一種不願被倫常束縛不願被框架捆綁的小小叛逆，
清澈的眼睛中還有頑皮的表情。

她喜歡無拘無束的生活，
她珍惜朋友愛護小動物，
血管中流著熱情澎湃的血液，
她追求真理也追求公平，
對待尊卑貴賤一律相同……

嚮往著如「風中奇緣」中的寶嘉康蒂公主，
佩戴著象徵多文化的這個手環，
在自己的人生路上走出最美麗的康莊大道。

Shini

閃亮的日子

How to make ／ p.112

你輕聲唱，我低聲和。

在春天彩蝶翩翩飛舞的天空下，
繁花爭艷的錦繡花園中；
在夏日泳池畔的冰涼雞尾酒杯影搖晃裡；
我們才剛相識，羞澀如小鹿斑比，
一起並行在那繽紛色彩的青春歲月。

然後，我們蕩漾純真笑容的臉龐中，
偶爾眉頭深鎖，或滑下灼熱失望的淚水……
時光，被悄無聲息地偷走後，
記憶小徑卻遺留著悲喜交織的印記。

在落滿秋季銀杏葉的雨中街道，
我看到傘下你逐漸滄桑的神情。

而，親愛的，
此刻的我是如此喜樂滿足；
在四季流轉的冬季裡，我們白髮蒼蒼，
但，皺紋中仍有笑意。

在紅磚色的溫暖壁爐前，
我們會剝著烤熱的香脆堅果，
就著紅葡萄酒的光影
一飲而盡。

這麼多年過去了，有歡笑有淚水，
你仍然是我最想並肩哼唱「閃亮的日子」的那個人。

金色款

延伸款

以相同技巧作成耳墜，就能成套搭配了！

Suki's Merry-Go-Round

旋轉木馬

How to make ／ p.115

教 作 款

變化款的基本作法同教作款，但改變彩珠的配色，
並將中央的主石加上編線花樣＆掛上垂墜珠飾。

四季如風流年似水，
我從這邊望著你，
你從那邊望著我；
隔著亙古的時間和遙遠的距離，
我們交換著理解與溫暖的眼神，
當光陰流淌成河，
讓記憶就此停留在最美的那一刻。

這串美麗的長鍊，
像是溫暖的母親抱著她親愛的孩子，
像是充滿濃情蜜意的愛侶，
更像是攜手一生的白髮老夫妻；
在夢幻遊樂園中甜蜜的坐著旋轉木馬。

每顆石頭如同每匹木馬，有大有小，顏色不同
各自在轉盤中馳騁舞動著……

我戴著這條綴著各色粉彩石子的長鍊，
感謝上蒼賜給我們曾經共度的時時刻刻，
尋常日子，歲月靜好。

這份深藏心中的美好與感動，
是只有和我們共乘過旋轉木馬的人才能夠心領神會，
是世界上無人可以取代無人可以複製的幸福。

Find inspiration

找靈感！

※ 純欣賞，無教作。

Earring

簡約＆華麗感的氛圍，
取自於珠飾的數量＆編法。

Bracelet

以數組扣頭＋簡單的9針組合而成的鍊條
——自由且靈動。

結合半弧形的編線＋
9針串珠的延長鍊
——在剛柔之間取得
一種個性魅力的平衡。

Ring

小圓珠的秀氣，

大寶石的華麗，自該如是！

珍珠白的配色系列，

設計重點在於圓潤質感的呈現。

Necklace

Necklace

長鍊墜飾．頸圈項鍊，

都從選定一顆美麗的主石開始——

編線．捲繞，水到渠成！

Necklace

結合線條簡約俐落的頸圈，

視覺焦點自然集中在金屬線編織的墜飾上。

華麗鉤編的金屬線花朵，

是自由浪漫的別針，與長鏈、衣物皆能完美搭配。

Tool & Material

工具＆材料

Tools
準備工具

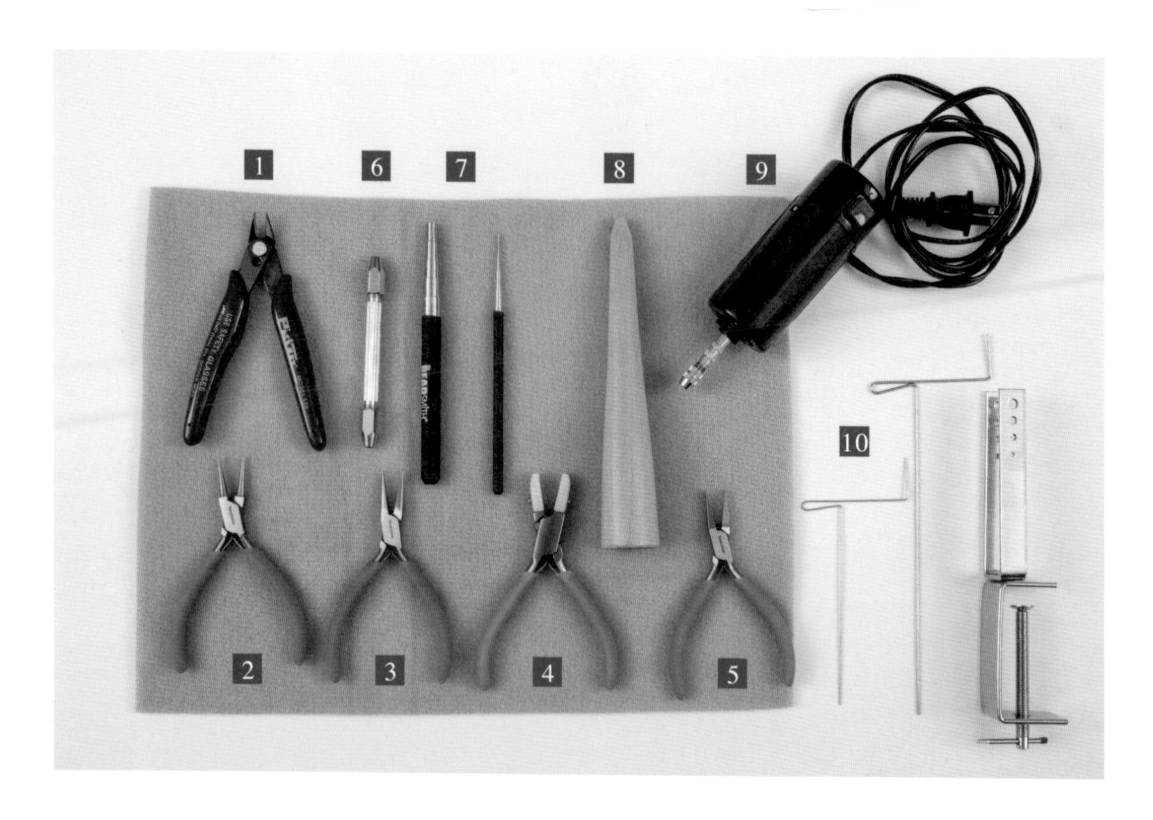

1 斜口鉗／剪線時使用，又稱剪鉗。
2 圓嘴鉗／捲圓圈時使用。
3 尖嘴鉗／夾角度或固定線時使用。
4 尼龍鉗／整線用，也稱為順線器。
5 平口鉗／夾角度時使用。
6 手動麻花捲線器／捲麻花時使用。
7 五段式捲線器 ×2 隻／製作 C 圈或拗弧度時使用。
8 戒圍棒／測量戒指的大小。
9 迷你電鑽／捲麻花時使用。
10 彈簧捲線器／捲彈簧時使用。

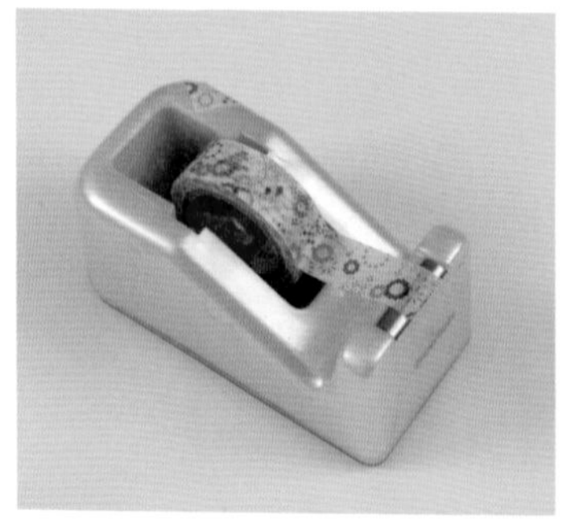

11 戒圍測量器

12 膠帶／輔助固定或測量長度時使用。

13 布尺／測量長度時使用。

Material
金屬線材

1 圓線
2 方線
3 半圓線

線材規格

Guage(G)	mm
16	1.3
18	1.0
20	0.8
21	0.7
22	0.65
24	0.5
26	0.4
28	0.3

美國進口銅線的屬性較易塑型，適合初級者使用。目前台灣所採用的進口銅線有兩個品牌：Aritisic Wire 與 BeadSmith，材質是紅銅線表面包覆著一層電鍍膜，顏色選擇性很多樣。本書使用的尺寸大小從 28G ～ 16G，雖然保護膜不容易掉色，但無可避免的可能會在製作過程中剝落，或配戴時因汗水而氧化變色，建議在每次配戴後以乾淨的濕布擦拭並以夾鏈袋保存。

Where to buy?

小羽串珠手創館
以齊備的線材 & 金屬配件 & 鉗子工具深得我心，有時也能找到漂亮且特殊的材料。

FB　www.facebook.com/diyhouse01/
網路商店　www.diy-house.com/

Maternal
配件素材

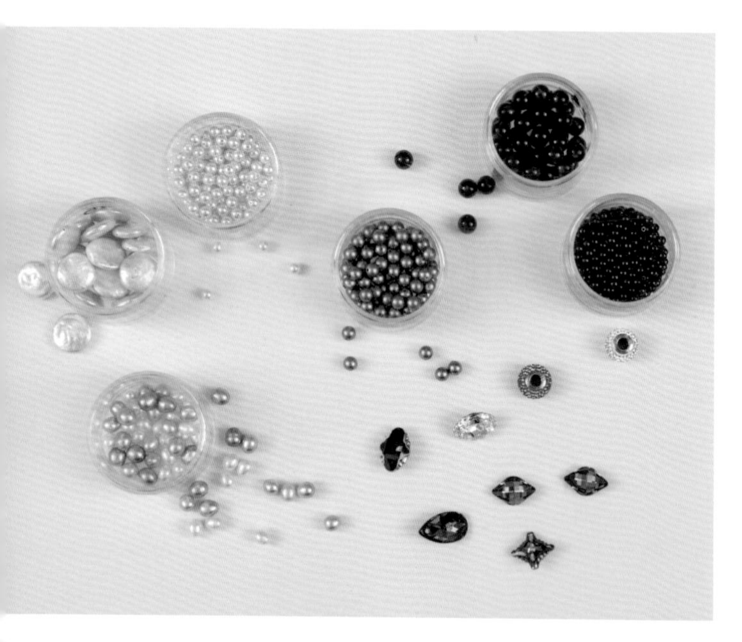

珠・天然石

本書採用的材料多數為天然石、淡水珍珠、水晶和水晶珍珠。金屬線編織的有趣之處在於任何形狀的的珠石皆可藉由自由塑型的框架、纏繞裝飾，作成獨一無二的作品。因此平時遇到鐘情的石頭，就不要猶豫地下手收藏，當某天靈感來臨，就能作成美麗的飾品啦！

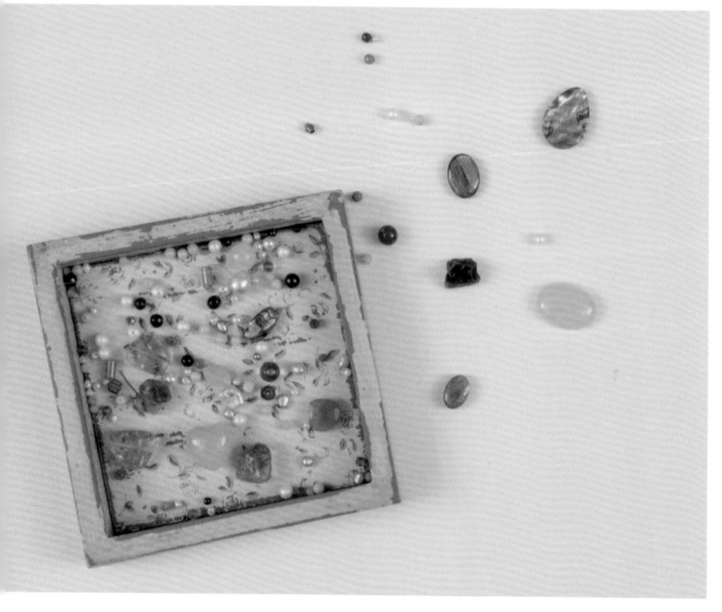

Where to buy?

台北延平北路巷中的 彩色寶石專賣店

小石子商行

FB www.facebook.com/easy.heybeads/

網路商店 www.heybeads.com.tw/

每次來到小石子，
藉由親手觸摸小石子的溫度與質感，
細細地欣賞其中的天然結理與紋路，
總能挑選出最適合自己的材料。
如果沒有時間親自前往，透過網路商店，
一邊瀏覽各種素材，一邊好好構想設計，
再一次採購到位也很有樂趣！

五金配件　銅珠、龍蝦扣、帽蓋、單圈、T 針、球針、胸針……

鍊條　鍊條款式有很多種，例如：銅鍊、不銹鋼鍊、純銀鍊。

當初裝修工作室時，我就夢想著一個收納特殊線材的櫃子。接收到這樣的要求後，貼心的設計師馨于不但把一面牆設計成展示飾品的牆面，還將收納櫃作成了一個隱身於飾品牆後的可推拉式暗櫃。

如今，只要拉開工作室飾品牆的拉門，就能看見收納得滿滿的工具材料，一盒一盒的各種珠子、石頭，依顏色＆種類層層堆疊，不僅一目了然，視覺效果也令人心情愉悅！

PS. 雖然賞心悅目，但
收納得太充實的後果，
就是推起來也很重啊！

Basic skills

基本技法

Basic Skill 1 順線

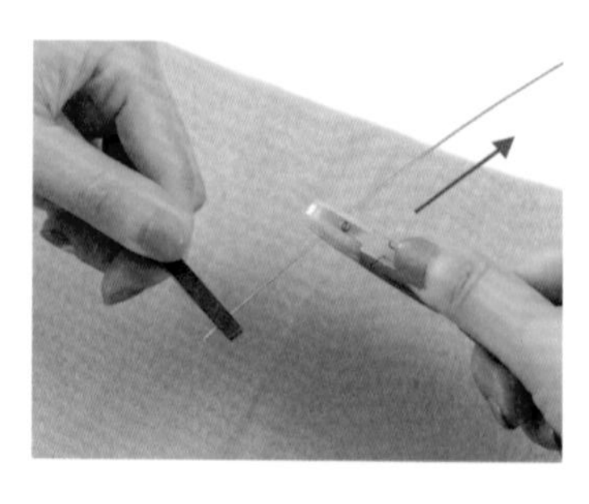

將線的一端以平口鉗夾住固定後，以尼龍鉗將歪曲的線滑平。

Basic Skill 2 彈簧

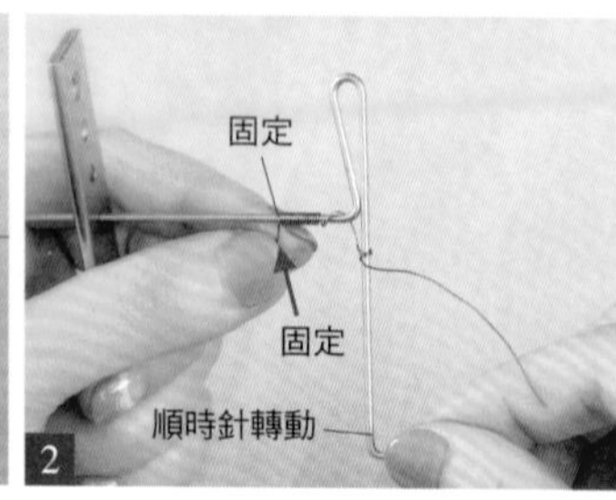

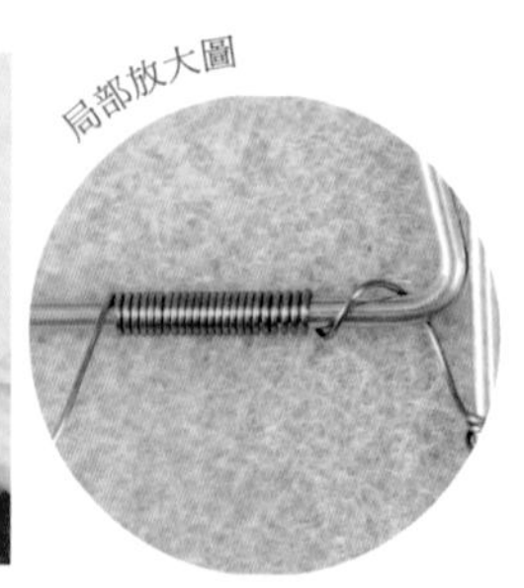

1. 將線的尾端繞2至3圈，如圖所示固定。
2. 左手握住固定彈簧捲線器後，以拇指與食指抓住箭頭指示處，右手抓住彈簧捲線器依順時針方向轉動，即可纏繞捲出彈簧。

Basic Skill 3 麻花

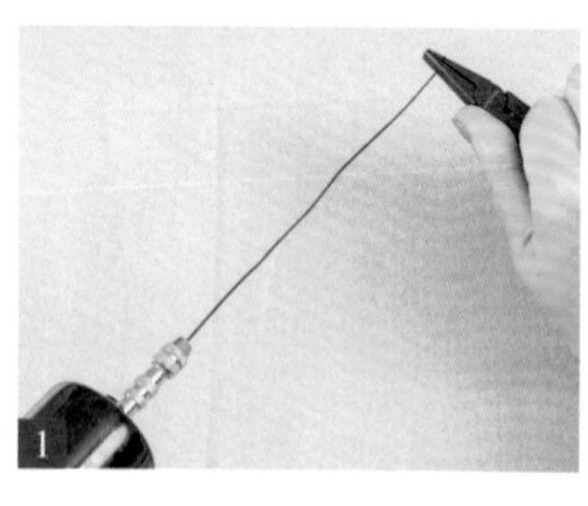

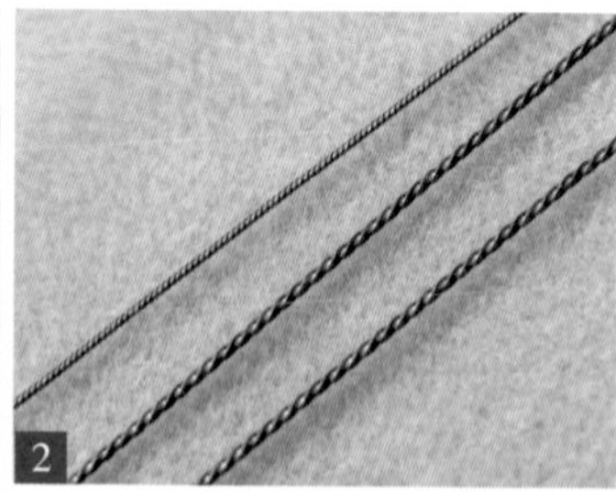

1. 將一段方線套入迷你電鑽後鎖緊，另一端以平口鉗將線夾緊。
2. 輕按開關1至2秒即可捲成麻花。麻花的捲度可依按壓的時間來控制。

Sharon 老師的小叮嚀

- 線的角度一定要與迷你電鑽呈一直線，並以平口鉗確實夾緊另一端（可稍微彎折，以防止線段滑出）。捲線時，線頭方向避免朝向他人，以免捲動時彈出傷人。
- 為方便控制時間，建議購買開關在握把上的迷你電鑽，或使用手動麻花捲線器。

Basic Skill 4 C圈

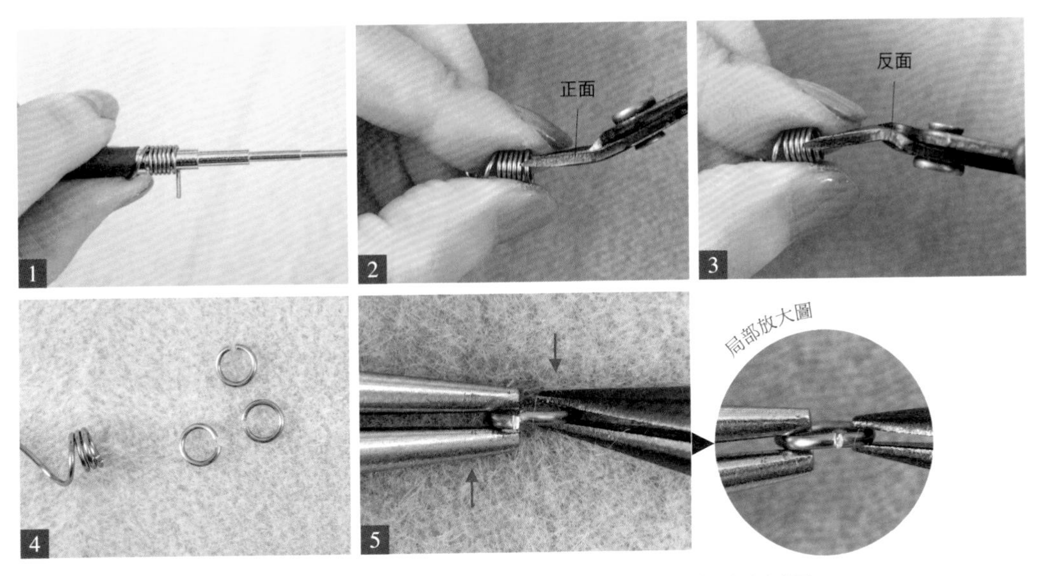

1. 在五段式捲線器上以20G線（或18G）依自己想要的大小順時針繞出圈圈。
2. 持斜口鉗，使正面與第一個圈成直角後剪下。
3. 將斜口鉗反過來，以反面與第二個圈成直角後剪下。
4. 利用斜口鉗一正一反剪下，作出C圈。
5. 以兩隻鉗子將C圈的開口處密合後，即可自由使用。

Basic Skill 5 S圈

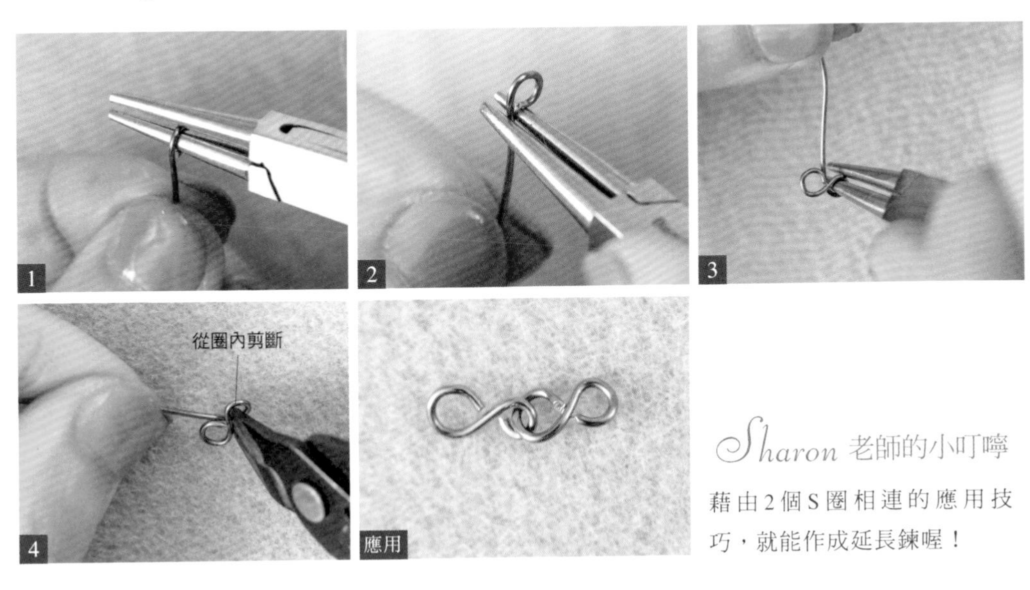

Sharon老師的小叮嚀

藉由2個S圈相連的應用技巧，就能作成延長鍊喔！

1. 以圓嘴鉗將20G或18G線捲1個圓圈。
2. 移動圓嘴鉗的位置到圓圈的下方夾住。
3. 將另一端也捲出1個圓圈後。
4. 以斜口鉗自交叉處剪斷。

Basic Skill 6 固定式9針頭

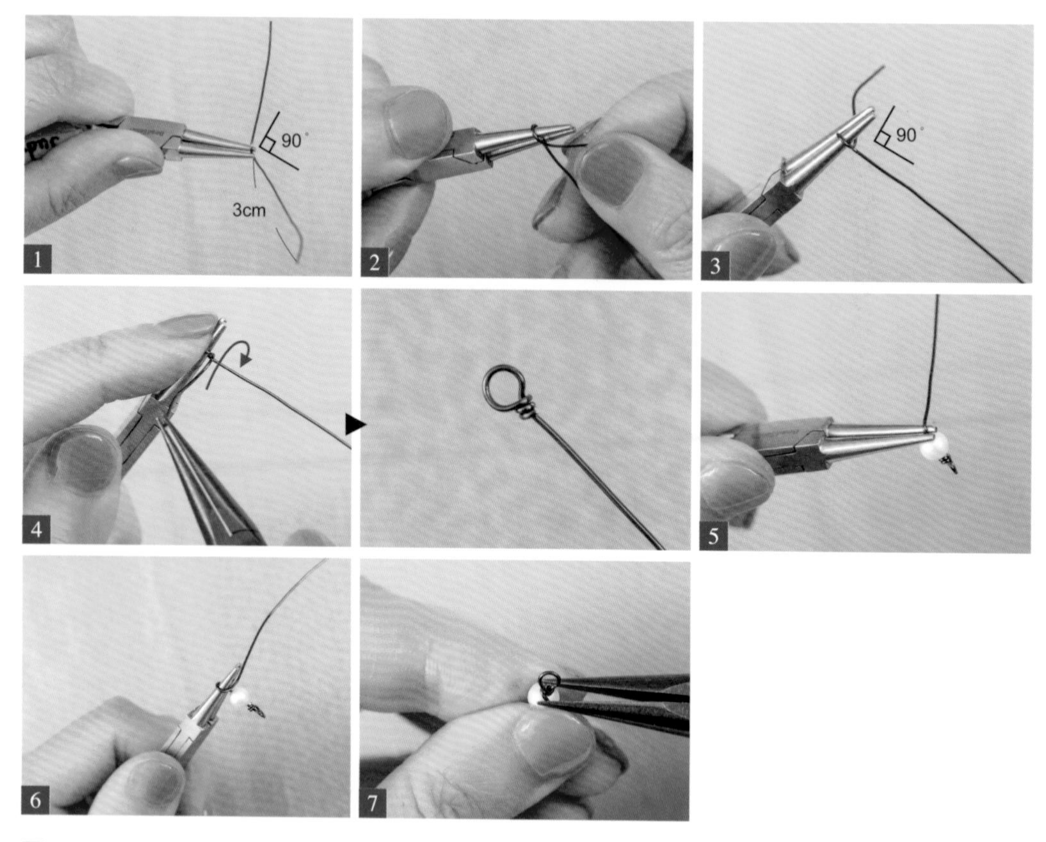

1 取一段7cm的24G線，在前端3cm處以圓嘴鉗摺一直角。

2 順著圓嘴鉗的弧度捲出1個圓圈。（圈的大小可藉由移動圓嘴鉗的前後來決定）

3 轉動鉗子的方向，使3cm線段貼近圓嘴鉗，回復成原來的直角狀。

4 食指可壓住圓圈，另一手以鉗子夾住3cm線段的尾端，在軸線上平整地繞兩圈後剪斷。

5 串入珠子後，以圓嘴鉗的前端夾住珠子上端後，折出直角。

6 重複步驟2至4動作，完成固定式的9針頭。

7 將剪掉的線端以尖嘴鉗壓緊收線。

Sharon 老師的小叮嚀

固定式的9針頭較常以比較軟的22G、24G、26G的線來製作。

固定式 9 針頭的連結

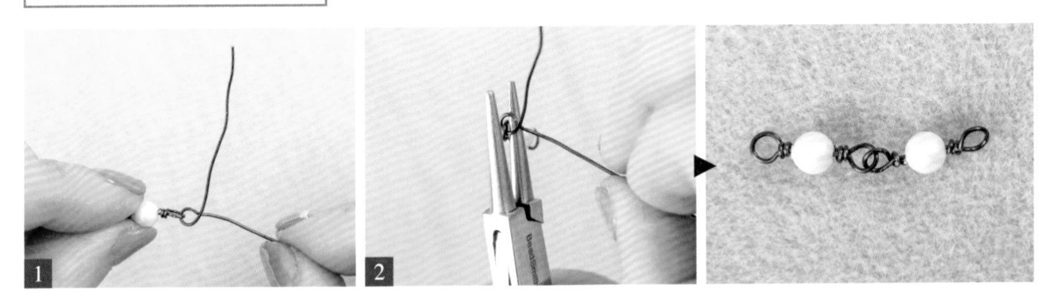

1. 另取一段7cm的24G線，依P.62的步驟1至3作法繞1個圓圈後，套入已作好的9針頭。
2. 以圓嘴鉗將整個圈圈夾住固定後，再將3cm的線繞軸線2圈，完成固定式9針頭，並繼續進行串珠將另一端9針頭完成。

Basic Skill 7 活動式 9 針頭

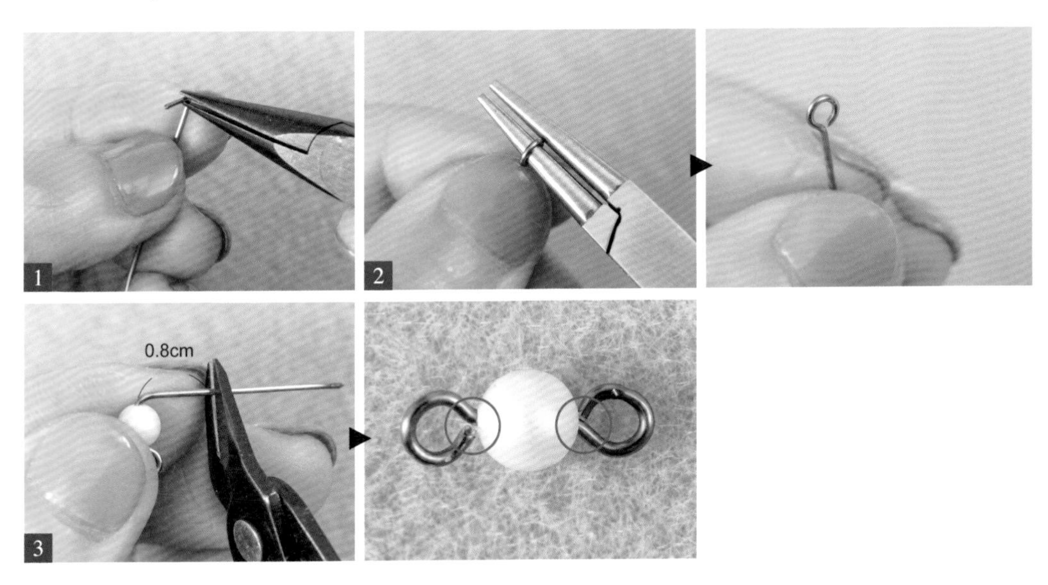

1. 取一段3cm的20G線，在前端0.8cm處以尖嘴鉗摺一直角。
2. 以圓嘴鉗夾住線頭，轉出1個圈。
3. 串入珠子後再摺一直角，預留0.8cm後剪線，再繞1個圈。

Sharon 老師的小叮嚀

注意兩邊圈圈的開口處，應如圖所示為相反的方向。

活動式 9 針的連結

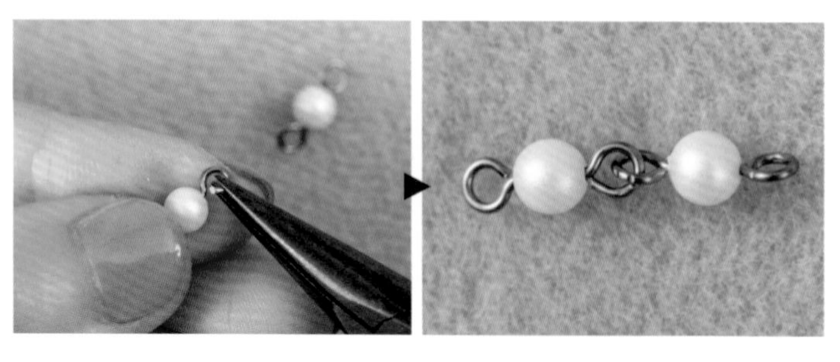

以圓嘴鉗將開口處上下扳開（不要左右拉動開口處，以免破壞圓形），進行串珠的接合。

Sharon 老師的小叮嚀

活動式9針頭使用18G或20G的線來製作皆可。圓圈的大小則可依線長，在捲繞圓圈時調整圓嘴鉗的位置來變化。

Basic Skill 8 水滴珠&包珠的作法（線材建議選用 24G 或 26G 的線）

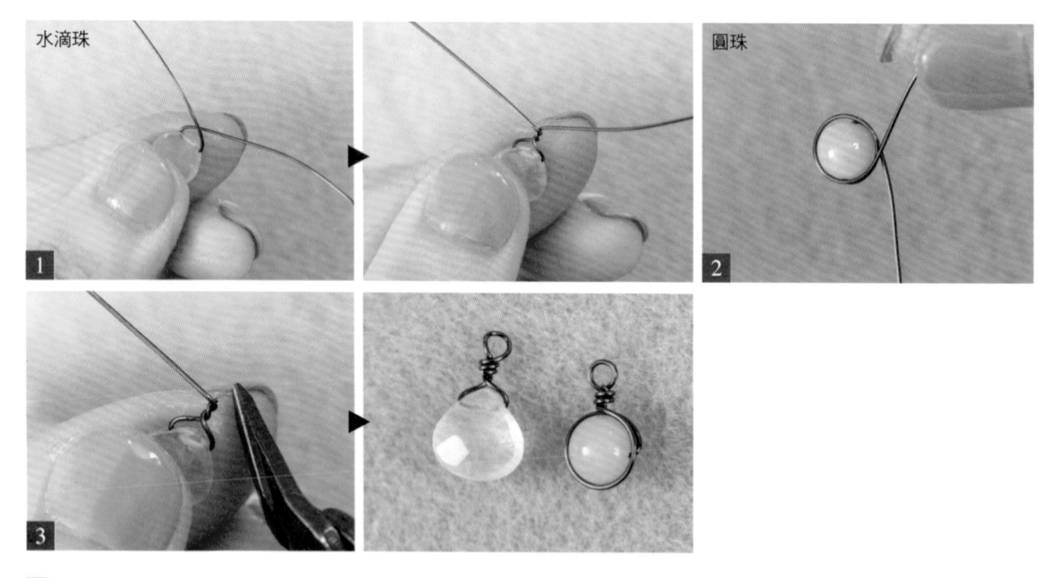

1 將水滴珠穿入一段8cm的24G線後交叉，並在交叉處扭轉2圈。以越大的角度扭轉，脖子處會比較短也比較美觀。

2 將一段10cm的24G線穿入圓珠，一端留3cm，再取較長的一端線將圓珠圍繞1圈後，交叉再扭轉。

3 將線的一端剪斷後，作固定式9針頭（參見P.62）。

Basic Skill 9

扣頭 A

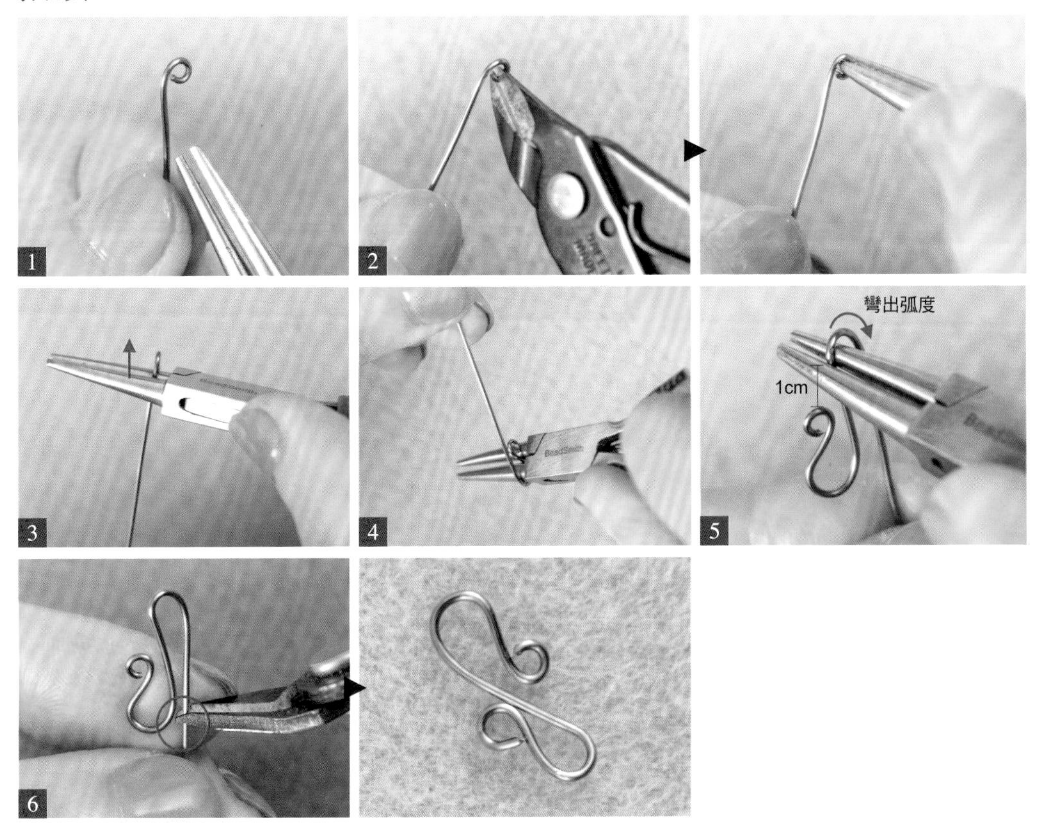

1 取一段6cm的20G（或18G）線，以圓嘴鉗捲1個圓圈。

2 為了使圓圈更圓，可在圓圈的前端剪掉一小段，再以圓嘴鉗將圓圈捲圓。

3 以圓嘴鉗底部夾住圓圈的下方。（移動圓嘴鉗的位置，就可以作出不同大小的圓圈喔！）

4 右手拉線，順勢往上彎出弧度。

5 將圓嘴鉗夾在圓圈上方1cm處，再彎出弧度。
（此時可將圓嘴鉗移至較前端的位置，作出較小的弧度。）

6 在標示處剪斷後，再如圖所示捲1小圈。

扣頭 B

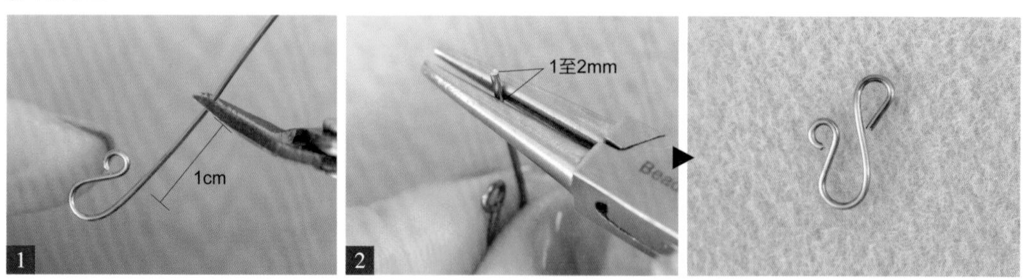

1 取一段5cm的20G（或18G）線，重複扣頭A步驟1至4，在距離小圈圈1cm處留線後剪斷。

2 在線端1至2mm處，以圓嘴鉗夾住＆回折成一水滴狀。

扣頭 C

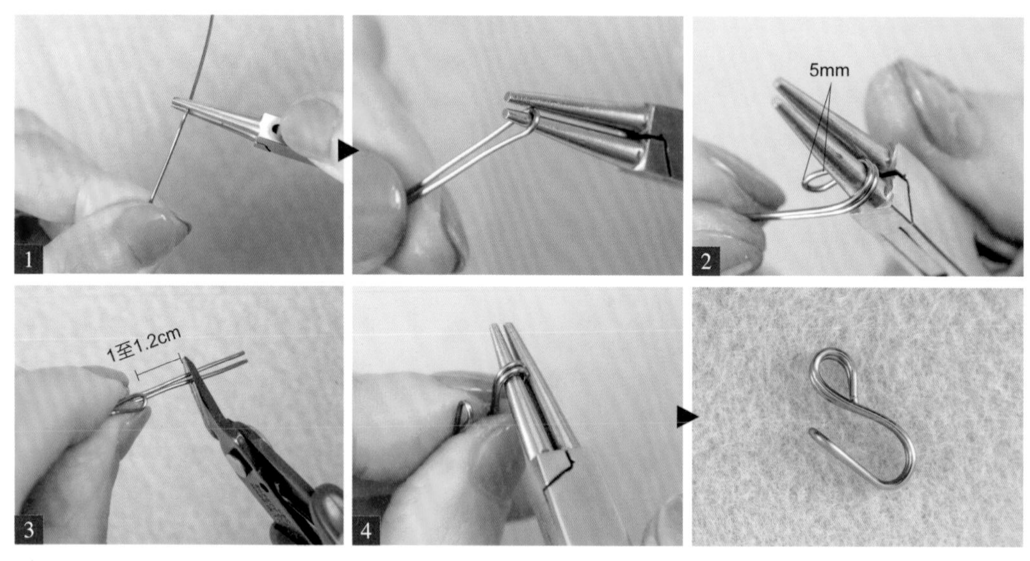

1 取一段8cm的20G（或18G）線，將圓嘴鉗放在線的中央後對折。

2 在線的前端5mm處，以圓嘴鉗夾住＆折出弧度。

3 在標示處剪線。

4 再以圓嘴鉗回折成一水滴狀。

扣頭D· 延伸扣頭

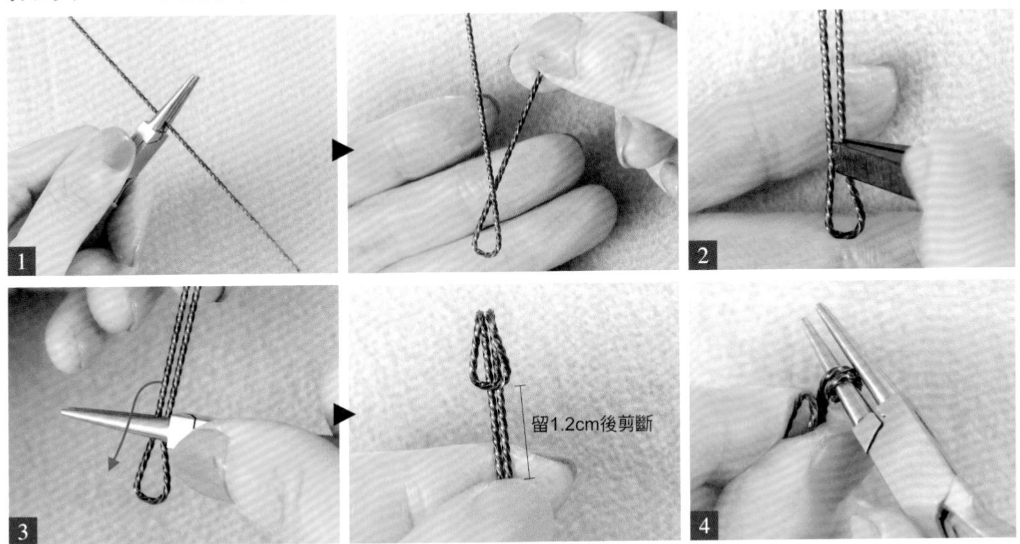

1 取一段8cm的21G（或18G）麻花線，將圓嘴鉗放在線的中央後折成一水滴狀。

2 以平口鉗將2線折至平行。

3 利用圓嘴鉗的最底端將線端折一鉤狀，並在標示處剪斷多餘的線。

4 以圓嘴鉗回折成圓形或水滴狀。

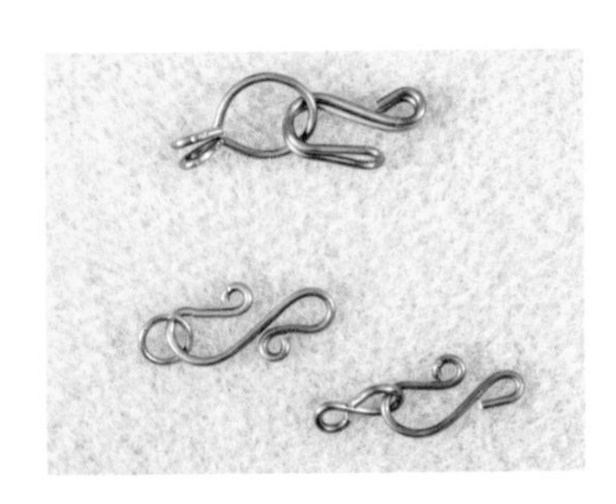

應用 扣頭的串接變化

飾品的扣頭可以用18G·20G圓線、18G·21G方線或麻花線製作，並自由混搭使用，作出各種個性款的變化。

Basic Skill 10 編線

兩條線・編法A

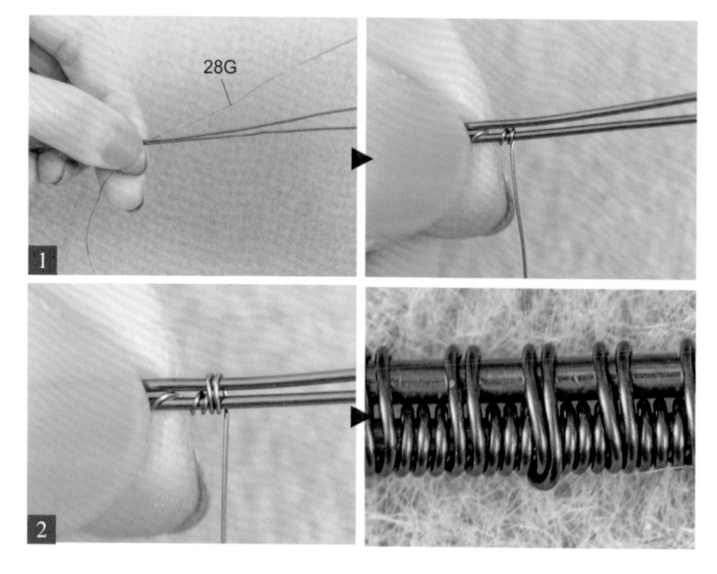

1 將2條20G線整齊並排，以28G線在下方線上順時針繞2圈。

2 以順時針的方向將2條線纏繞固定。重複步驟1・2。

Sharon 老師的小叮嚀

所有編線的起頭處通常只繞2圈，後面的纏繞圈數可自行決定，只要看起來是一致、美觀的即可。

兩條線・編法B（人字編）

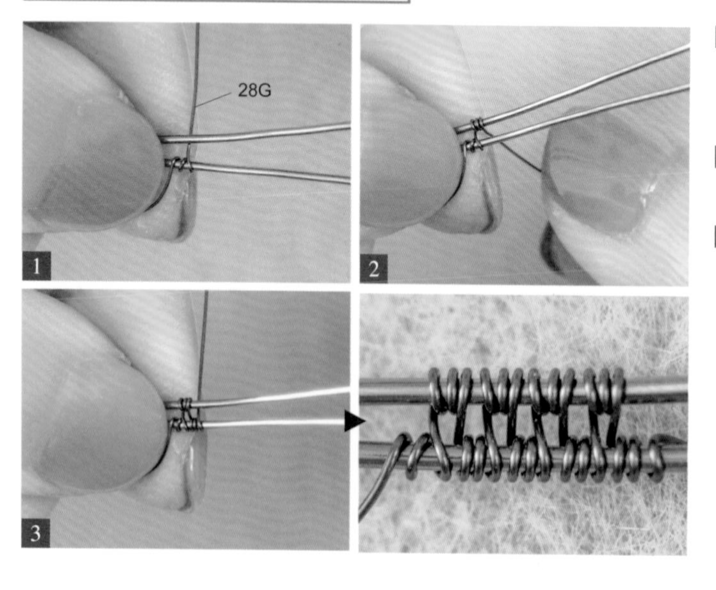

1 手持2條並排的20G線，將28G線順時針繞下方線2圈後，拉至上方線後方。

2 以逆時針方向將上方線纏繞3圈後拉至下方線後方。

3 再以順時針方向將下方線纏繞3圈。重複步驟2・3。

三條線・編法A

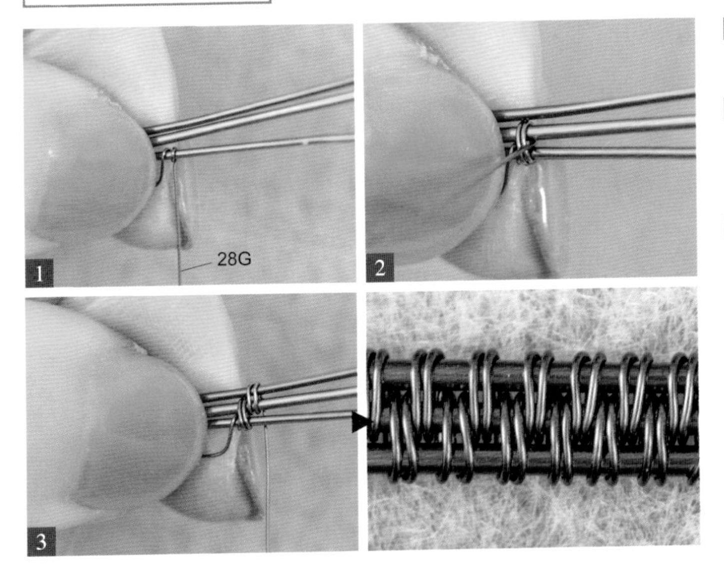

1 手持3條並排的20G線，將28G線以順時針繞下方線2圈固定。

2 將下方的2條線一起纏繞2圈，再將線自下方2條線的中間拉出。

3 將上方的2條線纏繞2圈固定後，將線從後方直接拉到最下方。再將下方的2條線纏繞2圈，重複步驟2至3。

Sharon 老師的小叮嚀　三條線的兩種編法皆採順時針方向，而且線編的越密越漂亮！

三條線・編法B

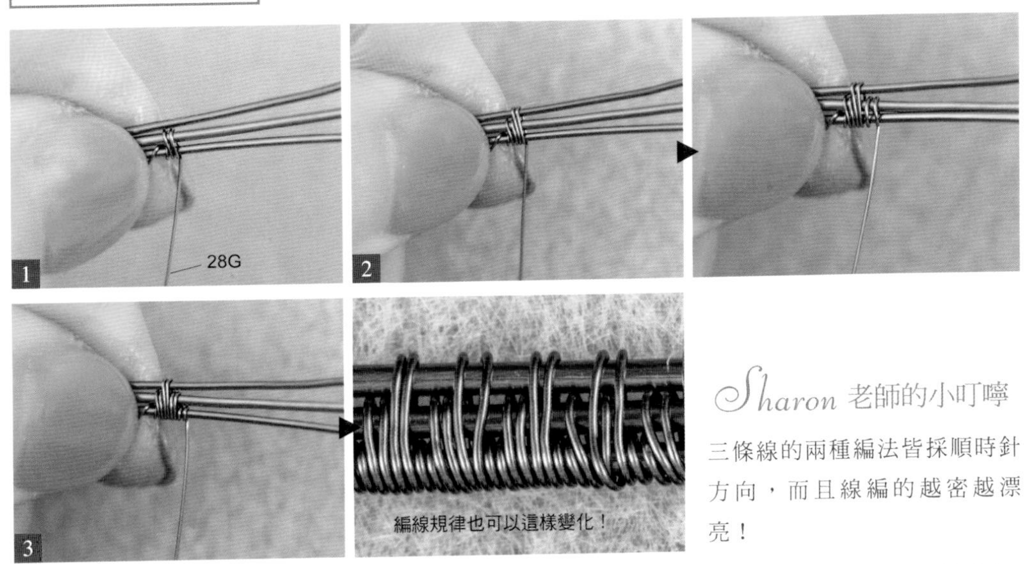

Sharon 老師的小叮嚀

三條線的兩種編法皆採順時針方向，而且線編的越密越漂亮！

1 手持3條並排的20G線，將28G線以順時針繞下方線2圈固定後，將下方的2條線一起纏繞2圈。

2 將3條線一起纏繞2圈後，將下方2條線纏繞2圈。

3 再將最下方的1條線纏繞2圈。重複步驟1至3。

Basic Skill 11 墜頭

基本花樣 A

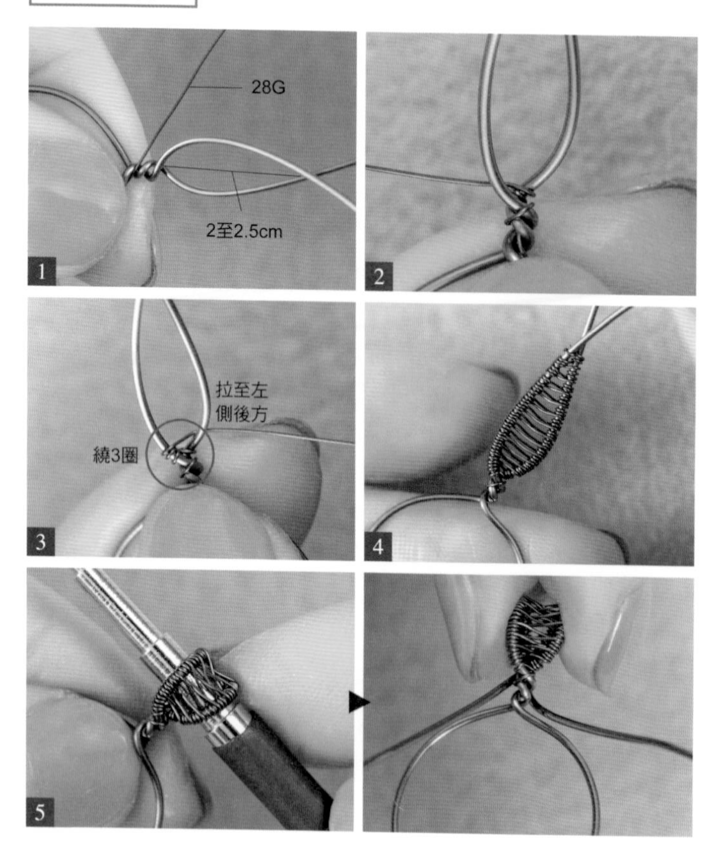

1. 將墜頭處的2條線彎折成一個約2至2.5cm的馬眼狀，並加上1條28G線（約30至40cm）。
2. 將28G線在脖子處纏繞2圈後，將線拉至左側線後方。
3. 在左側逆時針纏繞3圈後，將線從後方拉至右側＆順時繞3圈，再拉至左側後方。
4. 依步驟3作法，交替在左側逆時針、右側順時針纏繞，如圖所示完成交叉編法。
5. 利用輔助工具（五段式捲線器）將馬眼凹成弧形後，將尾端的2條線拉至前方。

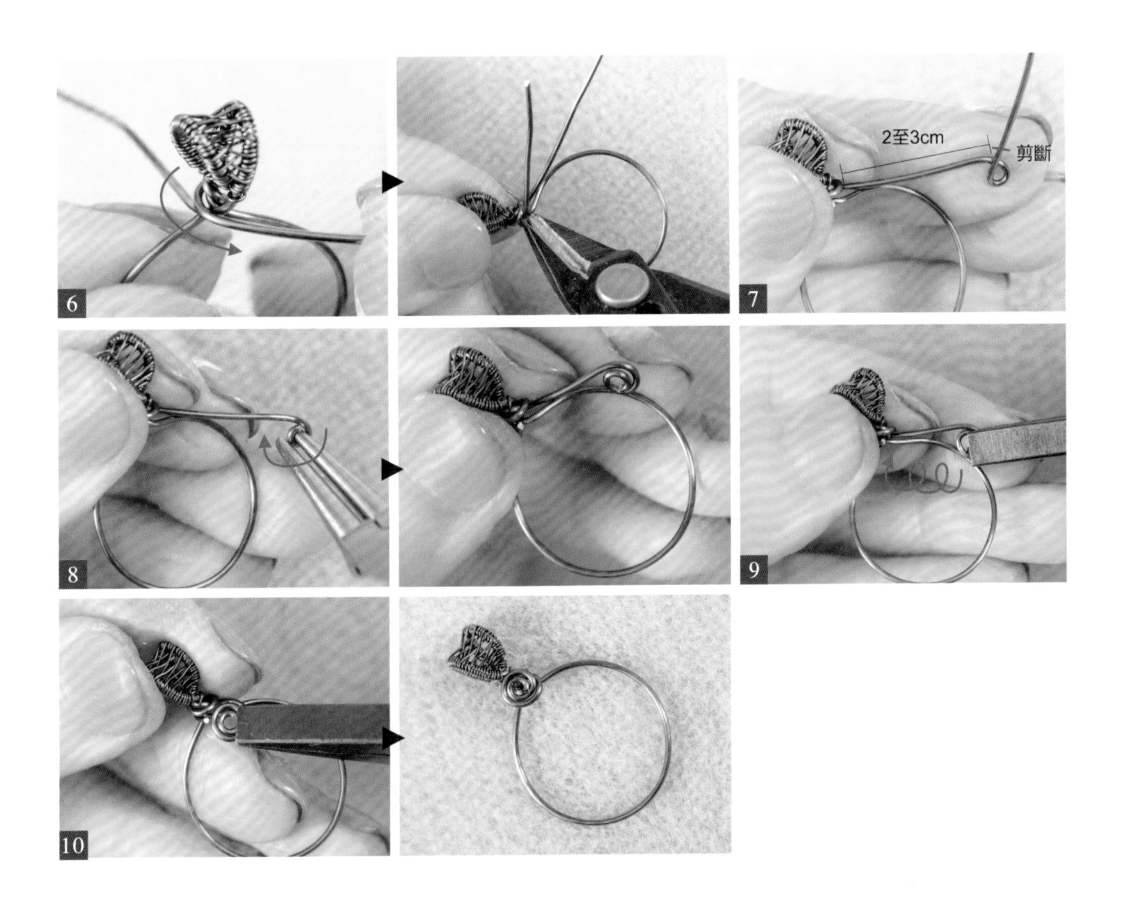

6 將其中一條繞至脖子處後，剪斷收線。

7 在另一條線2至3cm處，以圓嘴鉗捲1小圈，再將多餘的線剪斷。

8 以圓嘴鉗夾住圓圈，往內捲1圈半。

9 再以平口鉗將圓圈夾住，沿線往內捲成螺旋狀。

10 以平口鉗調整螺旋的位置，使螺旋遮住脖子繞線處。

Sharon 老師的小叮嚀

螺旋的大小與線的長短有關，預留線長通常都會控制在2至3cm。

基本花樣 B

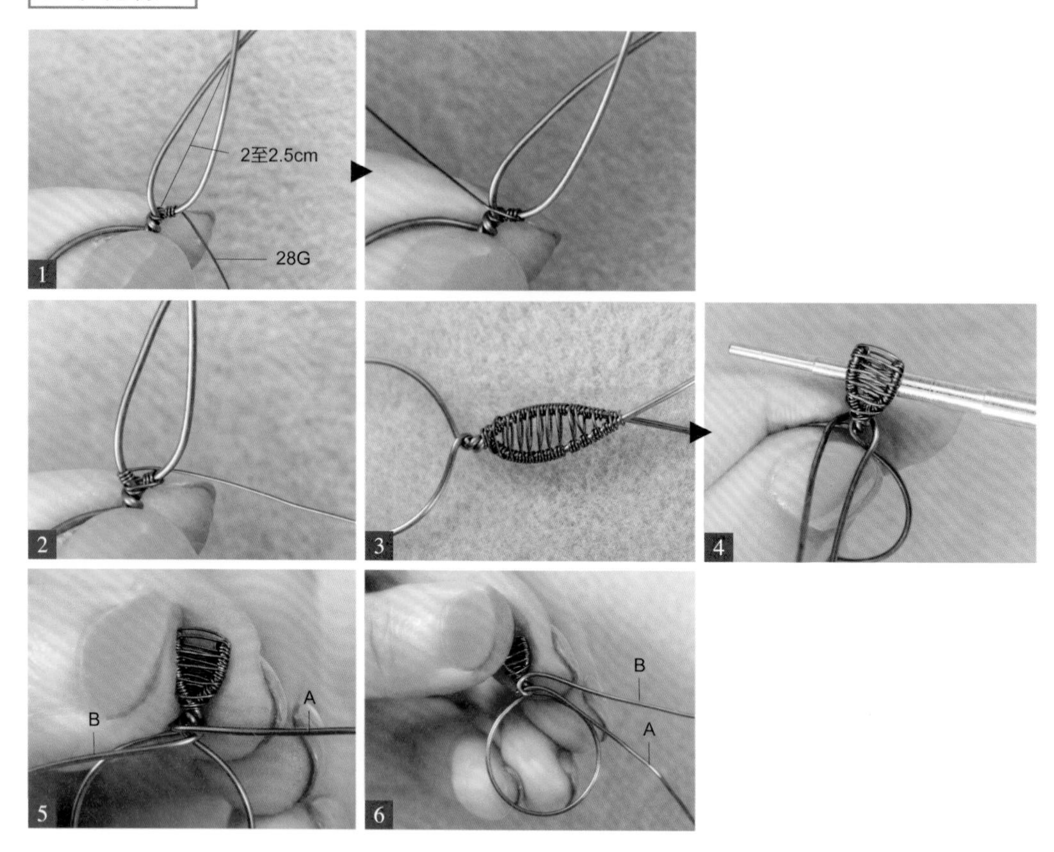

1 將墜頭處的2條線彎折成1個約2至2.5cm的馬眼狀，將28G線在脖子處纏繞2圈後，先在右端線順時針纏繞3圈，再將線拉至前側。

2 在左端線上順時針纏繞3圈，再將線從後方拉至左端線處。

3 重複步驟1・2作法，完成馬眼編織。

4 利用輔助工具（五段式捲線器）將馬眼凹成弧形後，將尾端的2條線拉至前方。（進行至此步驟後，你可以參照P.71基本花樣A的步驟6至10，繞1個螺旋；也可以依下述作法嘗試玫瑰花形的作法。）

5 將線於脖子處交叉。

6 拉B線捲一弧度。

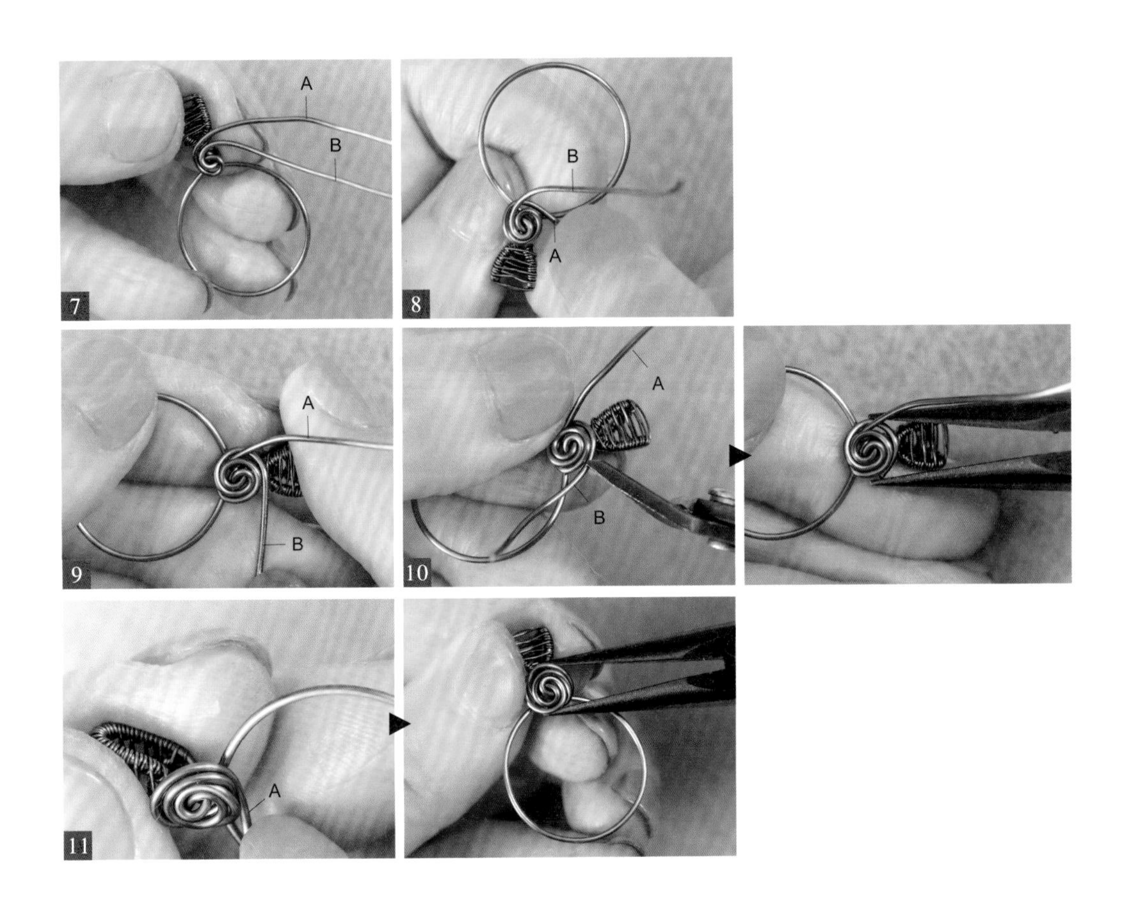

7 再將A線也順著B的弧度外圍繞1圈，此時2條線會略呈平行狀。

8 將A捲1個半圓再拉至B線後方。

9 再將B捲1個半圓後拉至A線後方。

10 將B線剪斷後，以尖嘴鉗將線頭往內壓。

11 將A線繞至B線後方，剪斷收線，並以尖嘴鉗將線頭往內壓。

Sharon 老師的小叮嚀

玫瑰花的編法就是2條線不斷地交叉編捲，大小則可自行斟酌交叉次數來作調整。

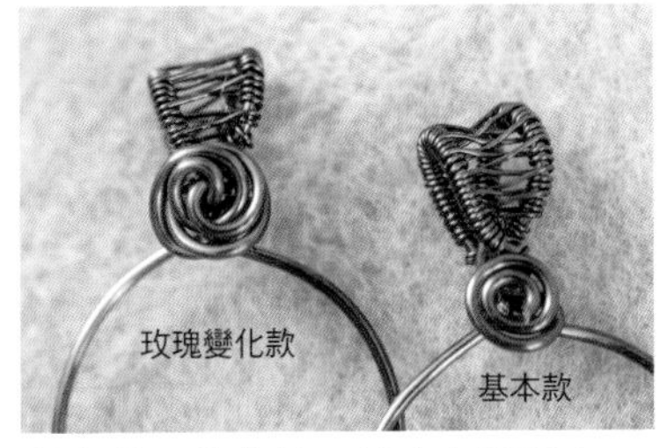

基本款＆變化款，請自由搭配！

How to make

※示範作品僅供參考，實際製作的尺寸＆配置的珠材可依個人喜好自行調整。

秋意

p.12

材料

18G線　30cm
22G線　60cm×6條
28G線　60cm
12mm貝殼刻花　1個
10mm貝殼刻花　2個
5至6mm淡水珍珠或天然石　約8個
4mm淡水珍珠或天然石　10顆
內徑5mm帽蓋　2個
封口夾
紙膠帶

How to make

Step 1

將6條22G線從中央稍微彎折後，中間放上18G線，在前端預留8cm後收攏線束。再以封口夾固定起頭處。

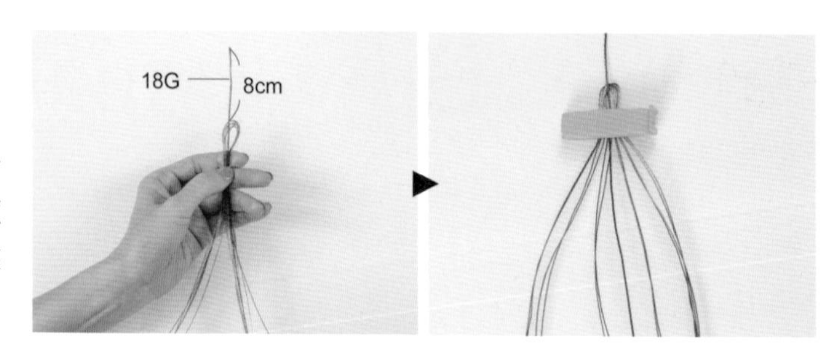

Step 2

以紙膠帶將起頭處的封口夾固定在桌緣處，將22G線分成左右兩邊各6條，並將每2條的尾端以膠帶固定。

※以下編線順序：
A→D→B→E→C→F
（編完一輪後再重複此順序）

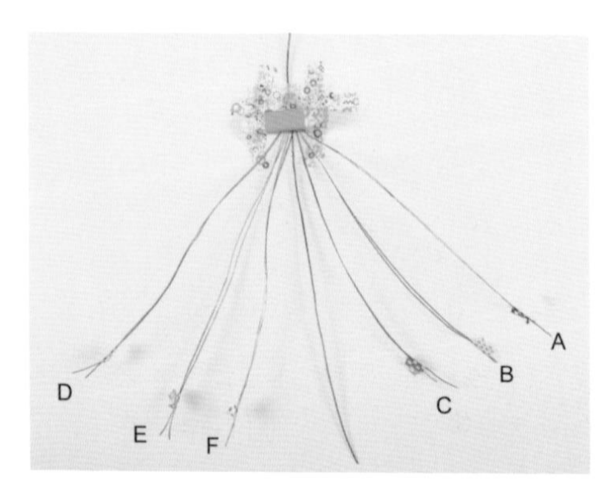

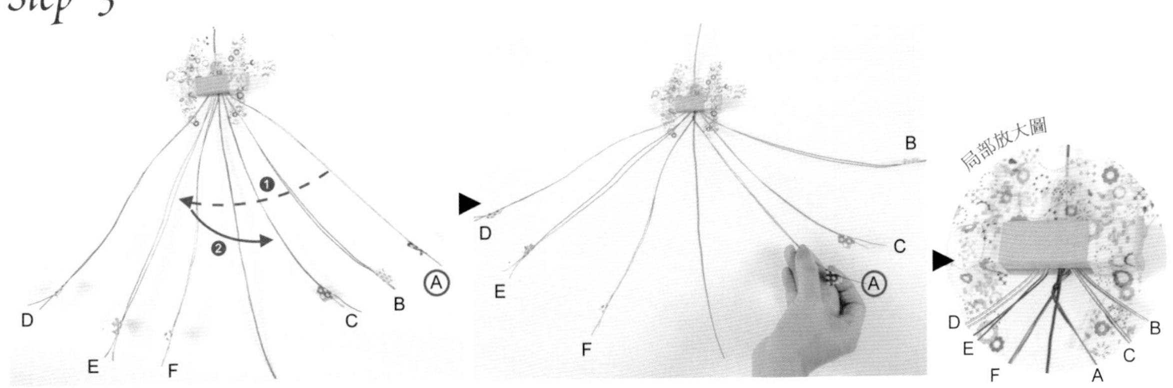

1 將A繞過18G後方到左側，與F交叉。

2 拉回右側置於C的下側。並將交叉處拉緊，整理好各線的位置。

※圖標記號（此作品通用）

- - - - ➔ 意指將線繞過18G後方

——➔ 意指將線繞過18G前方

Step 4

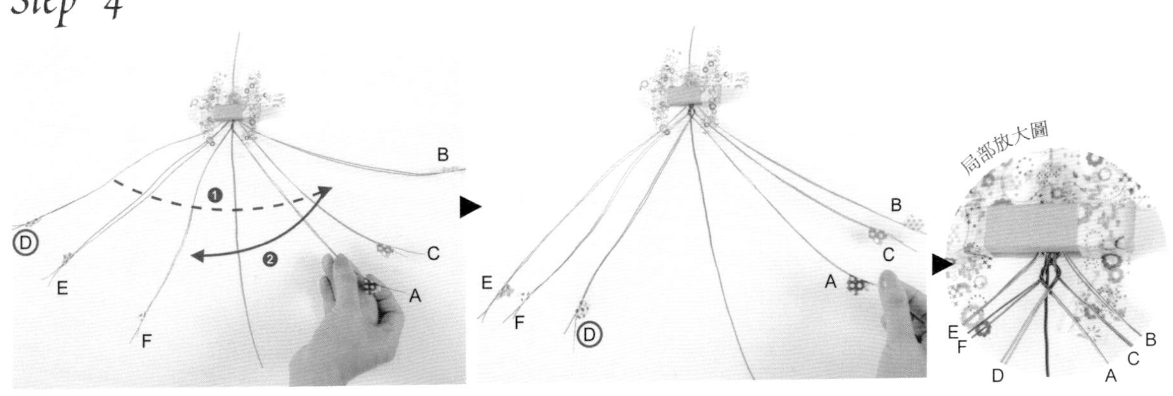

1 將D繞過18G後方到右側，與A・C交叉。

2 再拉回左側置於F下側，將6條線的位置整理好。

Sharon 老師的小叮嚀

參照Step3・4，除了起頭的線只壓1條線（F）作交叉之外，其他各線都必須繞過18G後方，壓另一側的內裡2條線作交叉後，再拉回原側邊＆靠近18G的裡側位置（如Step4）。而每完成一個交叉後，都需將線拉緊，並再次確認＆整理位置。

Step 5

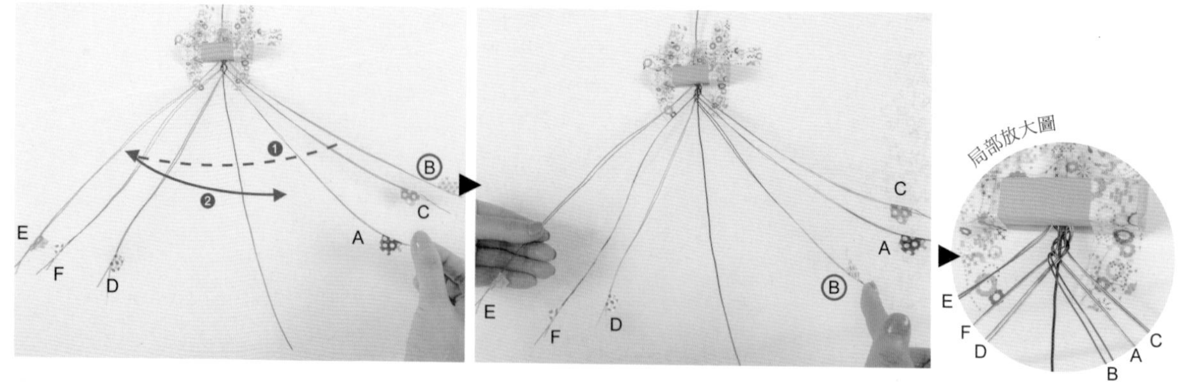

1 將B繞過18G後方到左側，和D・F交叉。

2 再拉回右側置於A的下側。

Step 6

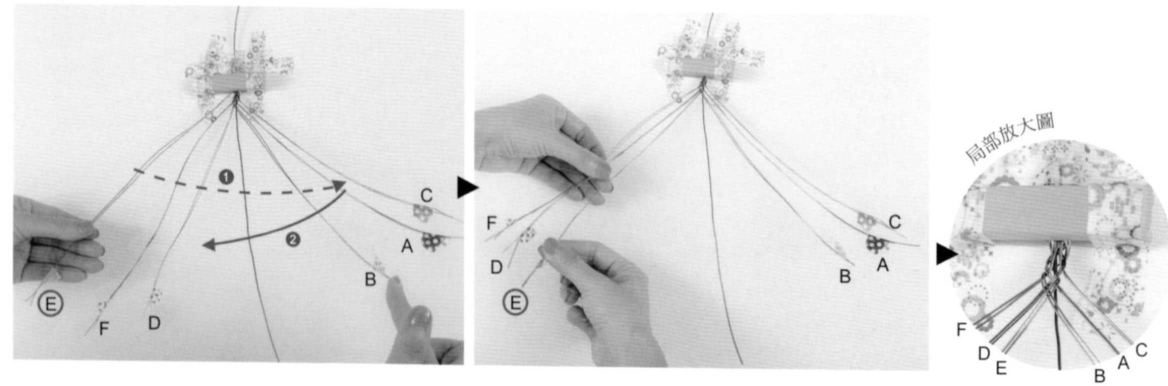

1 將E繞過18G後方到右側，和B・A交叉。

2 再拉回左側置於D的下側。

Step 7

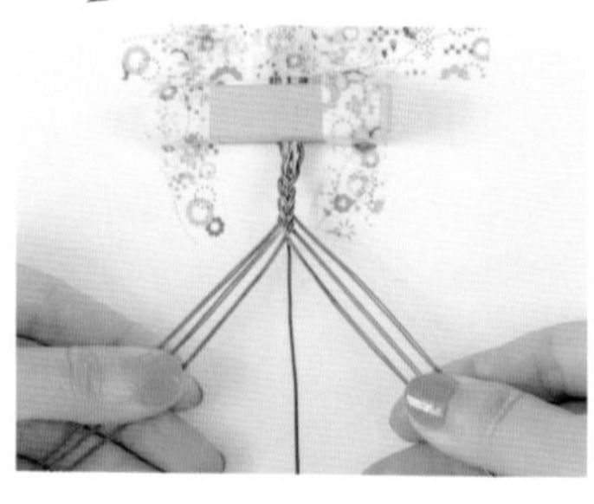

以相同作法（參見Step4・Sharon老師的小叮嚀），繼續編織至13cm長（長度請依個人手腕的實際長度自行減2cm）。

Sharon 老師的小叮嚀

・當不確定下一個步驟要拉哪一股線時，如圖所示，以位置較高者為優先。

・所有的線皆先繞過18G主軸的後方，再進行編織。

・右側的線皆需再繞回右側，左側的線皆需再繞回左側。

・參考中國結八股線編法進行編織也OK。

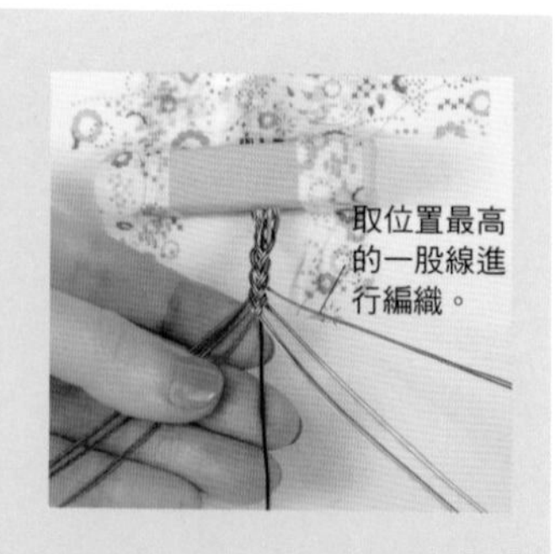

Step 8

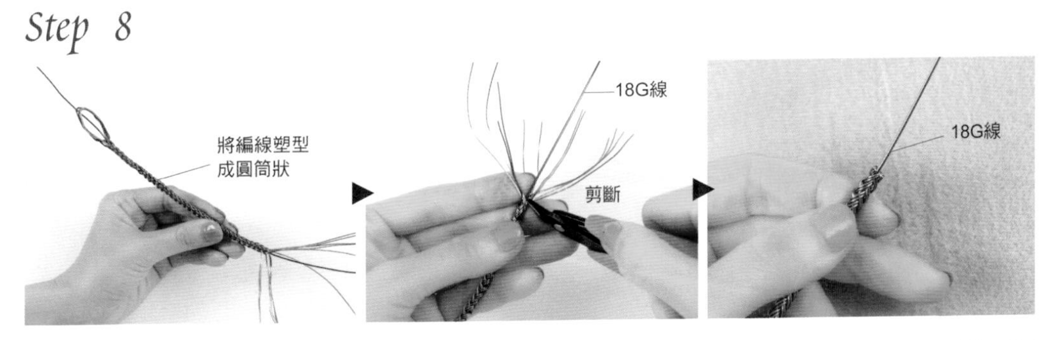

將所有的膠帶拆掉，以尼龍鉗輕壓，將手環編線塑型為圓筒狀後，僅保留18G中軸線，再將兩端的線剪斷收齊。

Step 9

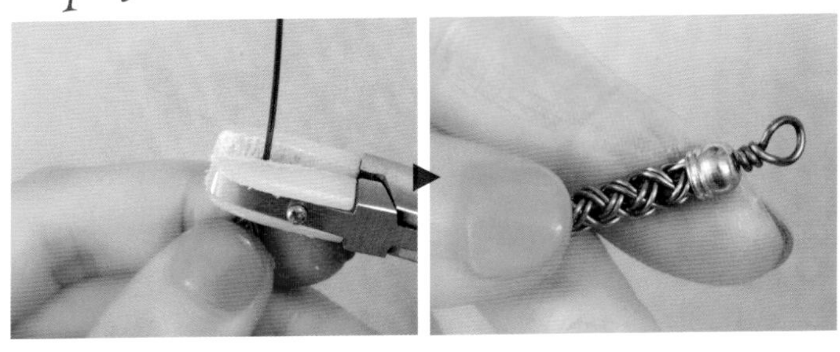

以尼龍鉗輕輕地將收線處壓平整，再將帽蓋套入18G中軸線，製作9針頭（參見P.62至P.63，可自由選擇固定式或活動式）。

Step 10

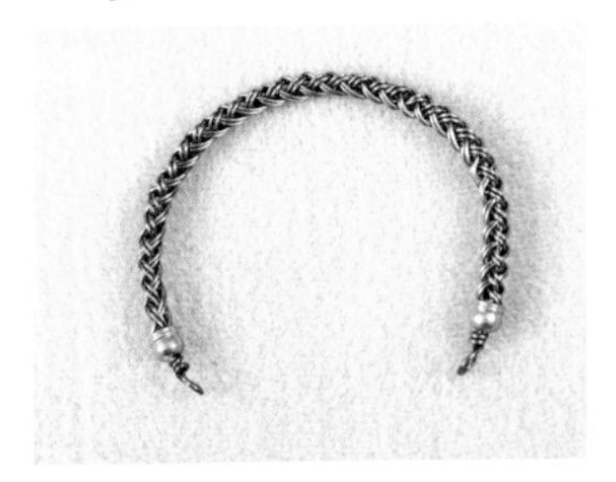

先將手環拗成橢圓形後，再將另一端也套上帽蓋作9針頭，完成手環基底。

Step 11

取60cm長的28G線串入1顆小珠後對摺，再將兩端的線同時套入貝殼刻花中。

Step 12

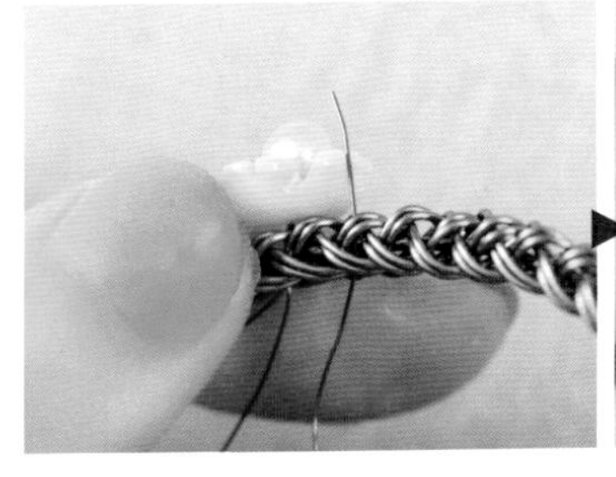

將28G線穿入手環的中央位置後，一端在手環空隙中回穿，再串入1顆小珠。

Autumn

Step 13

依Step12相同作法，重複穿線&串珠的動作，將所有的珠珠依個人喜好排列完成。

Sharon老師的小叮嚀

考量左右平均配置，建議先完成一邊再進行另一邊，並盡量讓珠珠集中在手環的中央。

Step 14

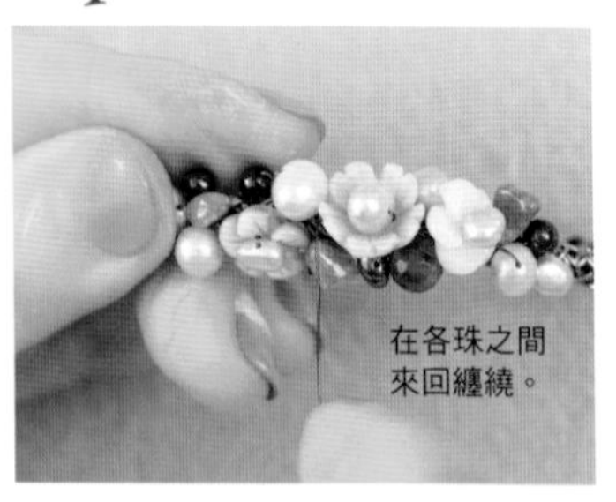

以剩餘的線在珠珠之間來回環繞加以固定，若珠珠間尚有空隙也能於此時再加上珠珠以增加美觀。

Step 15

建議將最後收線位置設定於貝殼刻花下方，纏繞貝殼刻花2圈固定後剪斷收線。

Step 16

套上扣頭（參考基本技法P.66）後，手環完成！

變化款

Becharmed珠手環，將6條22G線改為8條24G線以相同方式編織即可。

Sharon老師的小叮嚀

1.建議將9針頭作大一點，即可直接套上扣頭。
2.若手環長度不夠時，可作S圈或C圈加長。

不論選擇何種線珠搭配方式，
配戴這個秀氣的手環，
都將帶來美景如畫的秋詩篇篇。

欣希雅

p.14

材料

20G線　35cm
20G線　20cm
28G線　90cm
24G線　30cm
2×1.5cm鮑魚貝　1顆
1×0.8cm鮑魚貝　1顆

How to make

Step 1

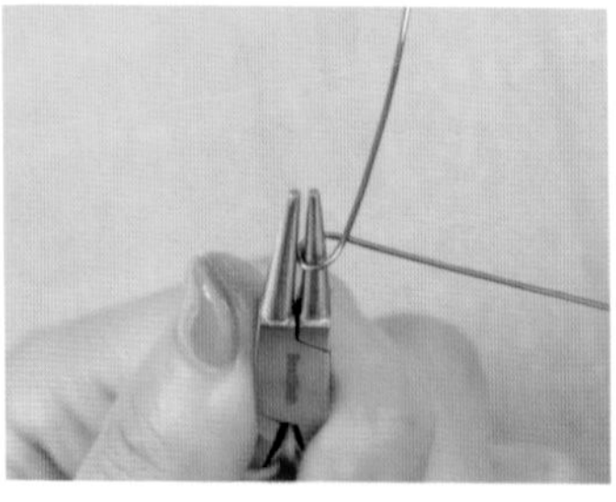

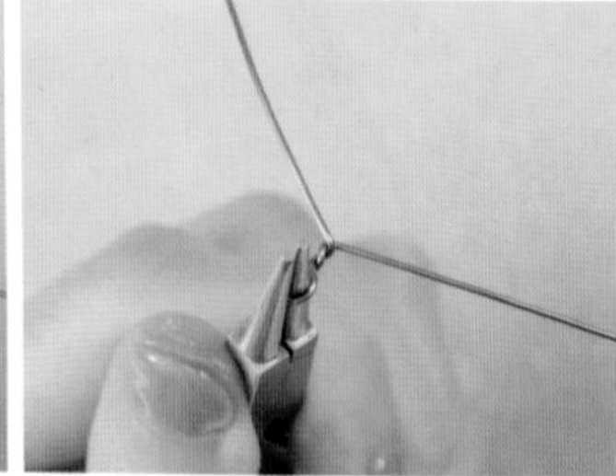

將35cm的20G線取中間的位置以圓嘴鉗繞1圈，再以右手的食指與拇指捏緊交叉處，用力扭轉2圈。

Step 2

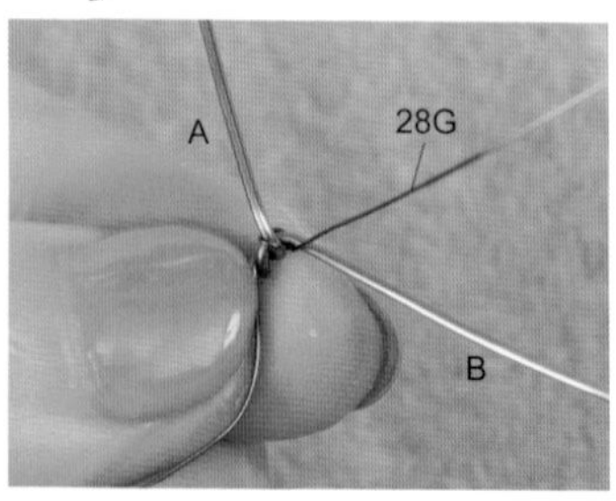

加上90cm的28G線，在扭轉的位置纏繞2圈。

Step 3

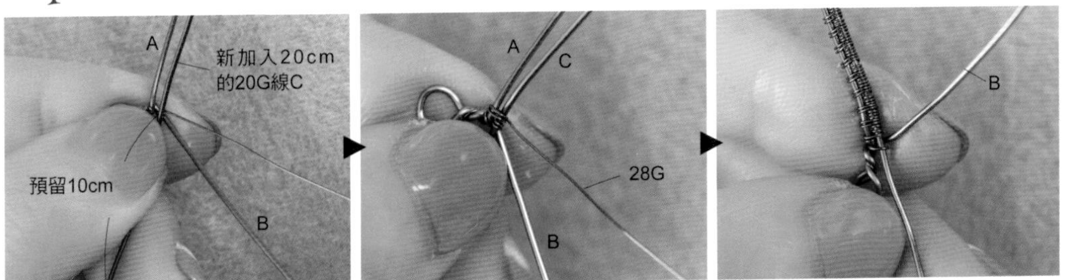

取另一段20cm的20G・C線，前端預留10cm後，與20G・A線並排。再以28G線將2條線纏繞至2.2cm（兩條線編線方式參見P.68，編線長度比主珠周長略長2mm即可）。

Step 4

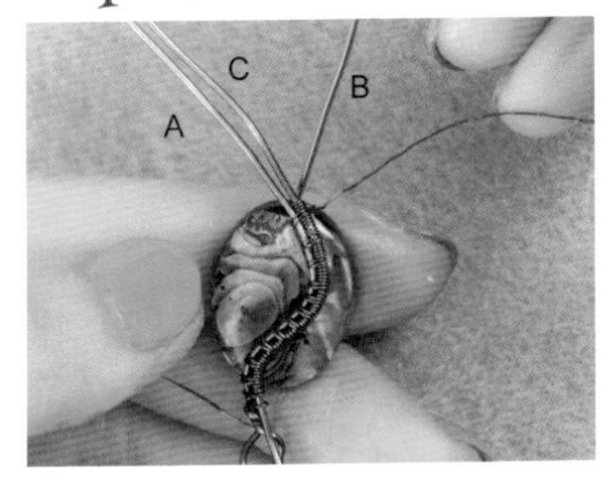

將主珠鮑魚貝穿入B後，將已編織的2.2cm線作出弧度。

Step 5

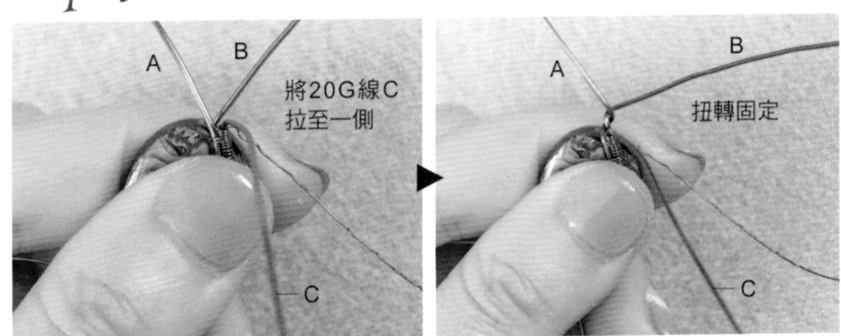

將C拉至一側，另外2條20G的線則扭轉固定。

Step 6

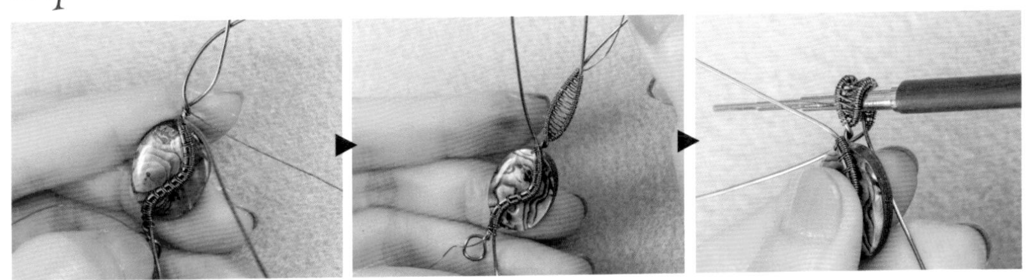

參照基本技法P.70，製作墜頭。

Step 7

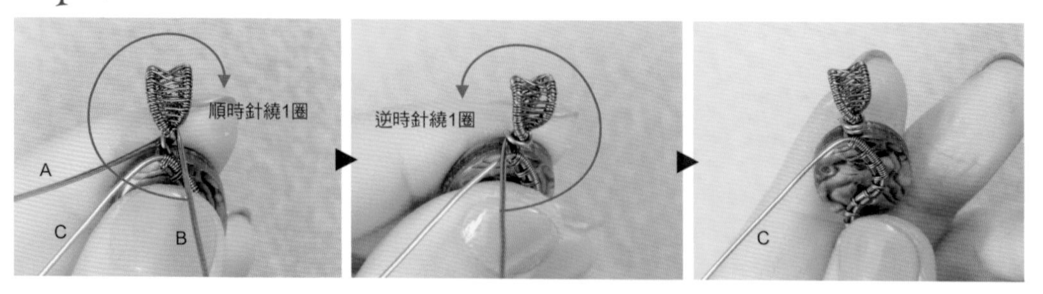

將已編好墜頭的2條20G線拉到前方，先取右線順時針繞墜頭的脖子處1圈後剪掉收線，再將左線逆時針繞墜頭的脖子處1圈後剪掉收線。

Step 8

將墜子另一端的28G剪斷收線後，以預留的10cm．20G線在尾端繞1個裝飾圈後，在脖子處繞1圈固定。

Step 9

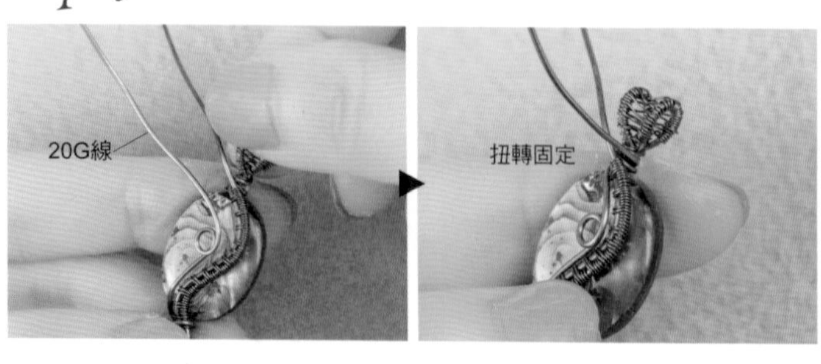

以20G線沿著編線繞1個小圈做花樣，再在墜頭的脖子處繞1圈固定。

Step 10

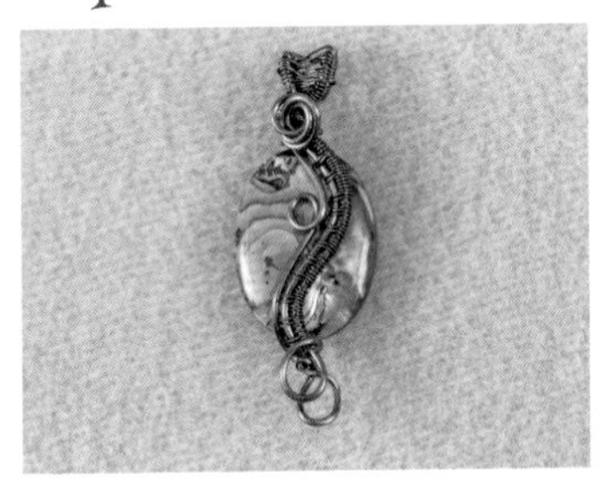

參照基本技法P.72，以剩餘的2條20G線作玫瑰花樣墜頭裝飾。

Sharon 老師的小叮嚀

雖然玫瑰花型大家都喜歡，但若覺得作起來有些許難度，也可以剪斷其中一條線作成單一個螺旋的花樣。

Step 11

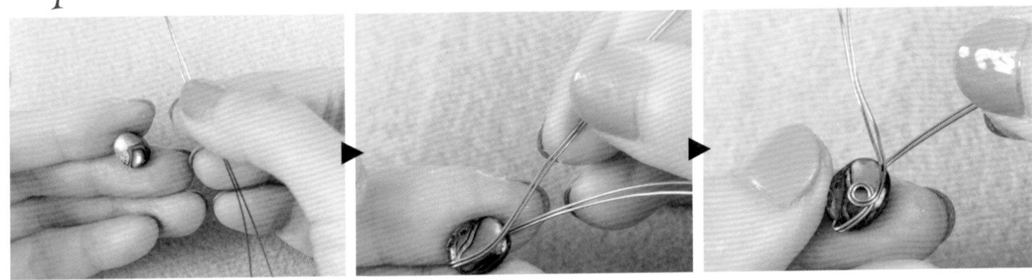

將30cm的24G線剪成2段，串入小顆的鮑魚貝，置於線的中間位置。再將一端線繞到鮑魚貝前，繞1小圈作成花樣裝飾。

Step 12

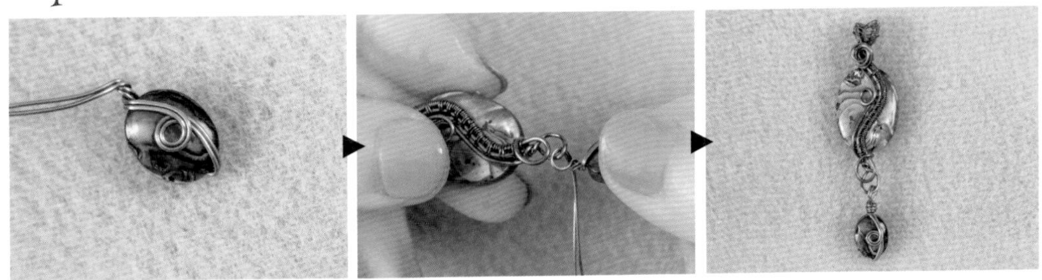

將兩端的線交叉扭轉後，剪掉其中一端，作固定式的9針頭（參見P.62），並在9針頭收線前與主墜串連在一起。

Sharon 老師的小叮嚀　當然囉，也可另作C圈或S圈，將垂墜接上主墜唷！

捕夢網

p.16

材料

18G圓線　25cm
20G圓線　25cm
24G圓線　90cm
26G圓線　150cm（編網用）
26G圓線　100cm
13mm扁圓珍珠　1顆
3mm扁圓珍珠　6顆
4mm扁圓珍珠　6顆
5mm淡水珍珠　10顆
約3.4×1cm金屬銅片葉子　5個

How to make

Step 1

以25cm的18G線順著戒圍棒繞出一個置中的3cm圓形後，在交叉處轉2圈固定。

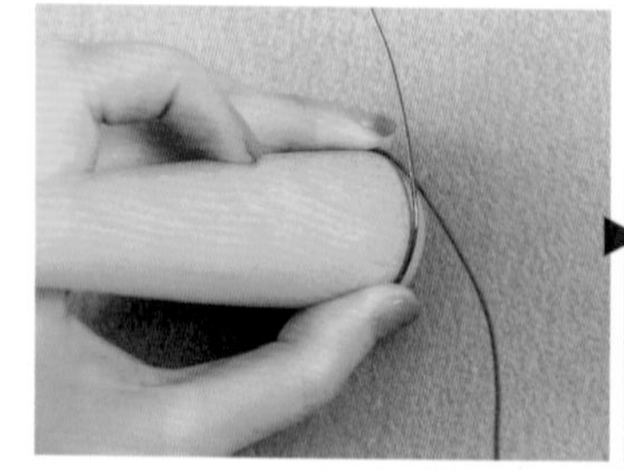

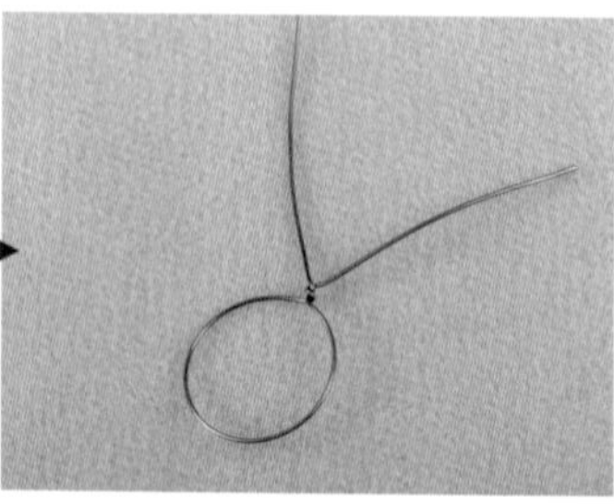

Step 2

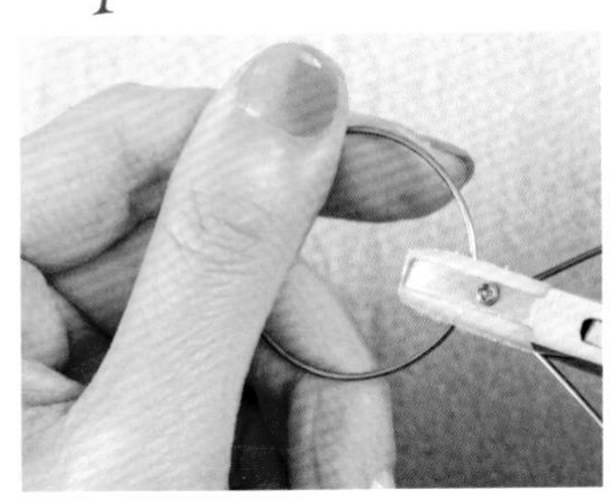

以尼龍鉗在交叉處輕壓，使線平整。

Step 3

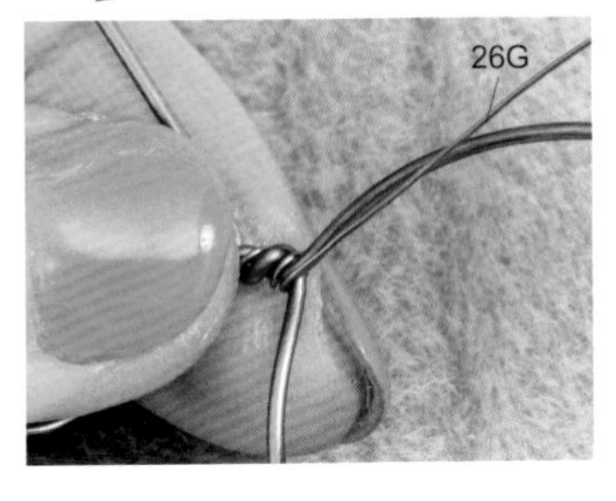

取一段150cm的26G線在交叉處繞2圈。

Step 4

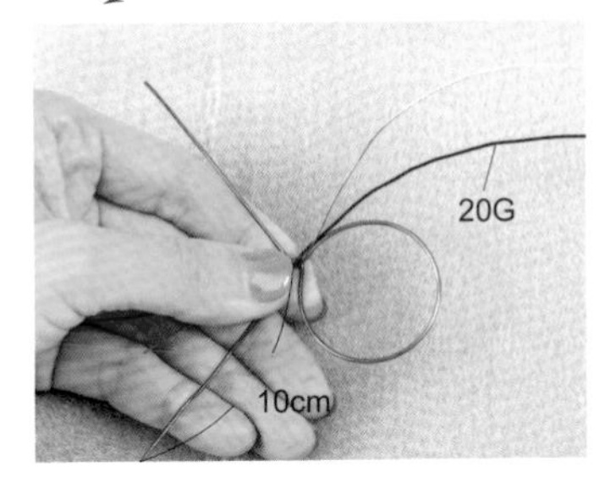

再將25cm的20G前端預留10cm後，放置於交叉處。

Step 5

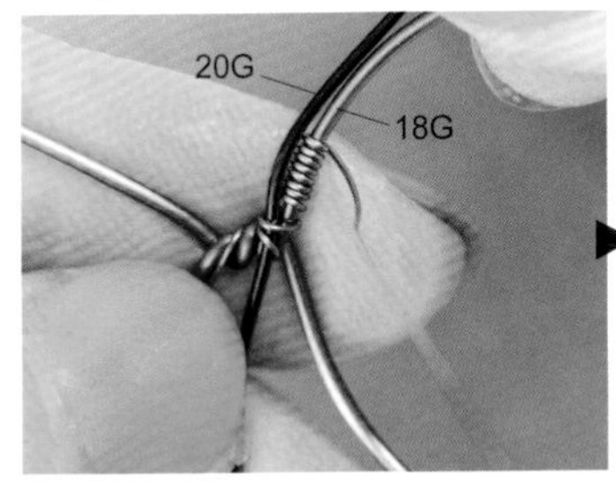

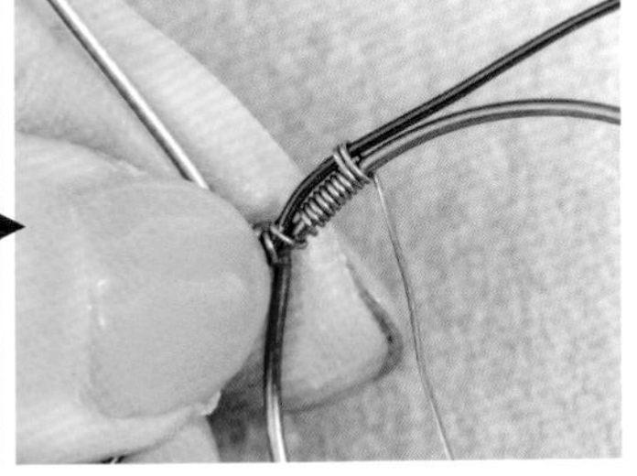

以26G線將兩條線（18G及20G）纏繞2圈固定後，在18G線（內線）上纏繞8圈，再將2條線（18G及20G）一起包覆2圈。

Step 6

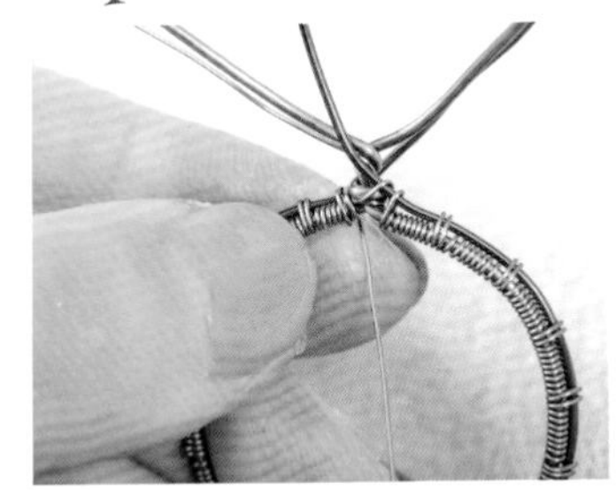

重複Step5作法，將框架纏繞完成。最後一段不足8圈也OK，重點在於最後將18G及20G一起纏繞2圈固定。

Step 7

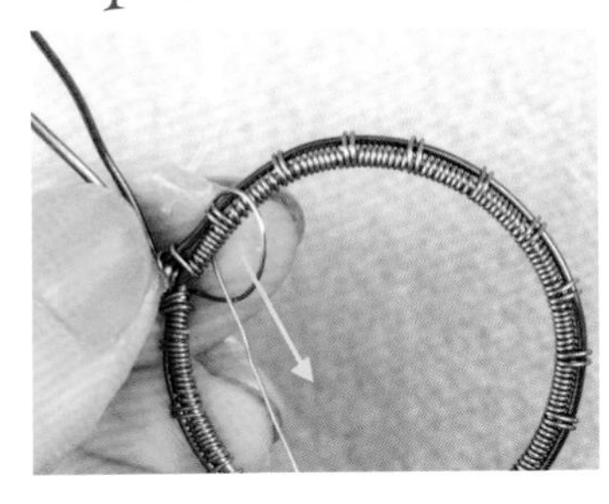

在框架上環繞2圈處，由外往內繞出1個半圓形，再將線從圓圈內拉出。

Step 8

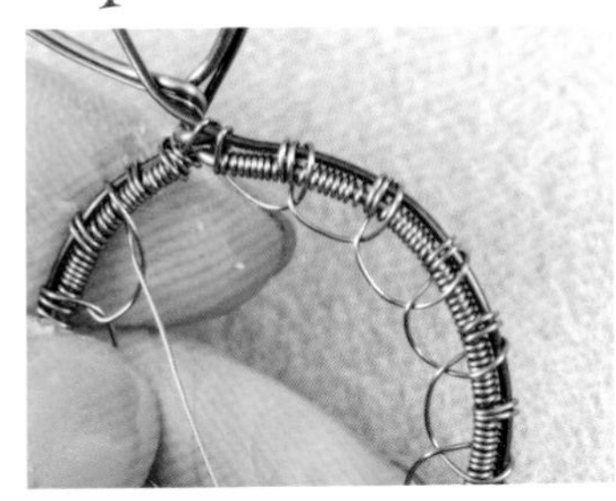

依上述作法將外框完成至距離交叉處約1個半圓環的距離。

Sharon 老師的小叮嚀

繞出半圓後，26G的線需從半圓形內拉出。若想加強圈圈的固定性，可將線稍往右側拉緊。

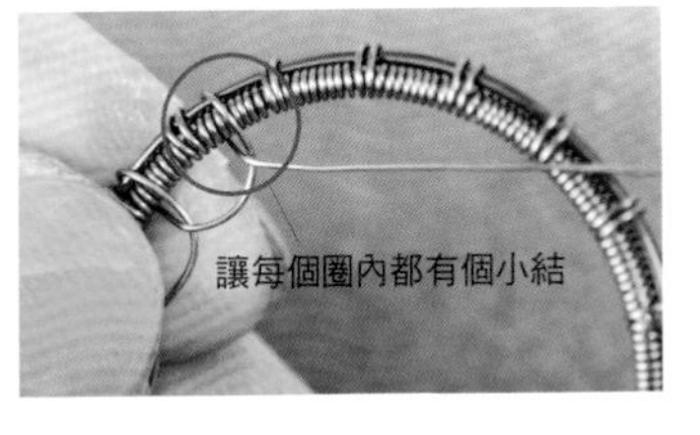

Step 9

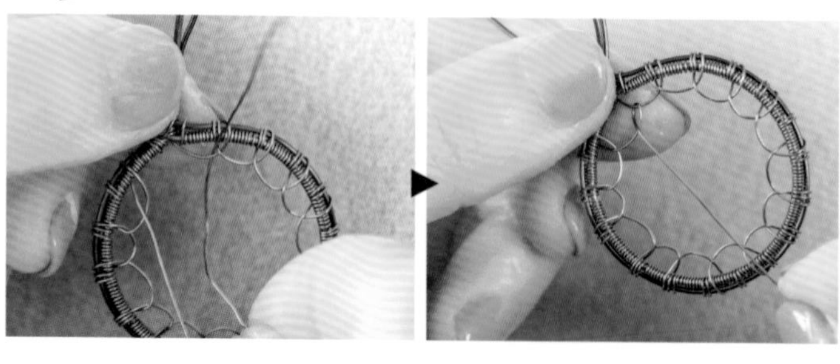

將線穿入第一個半圓環後拉出。所有的線都要從圈內拉出，使圈與圈呈現一個交叉點。

Step 10

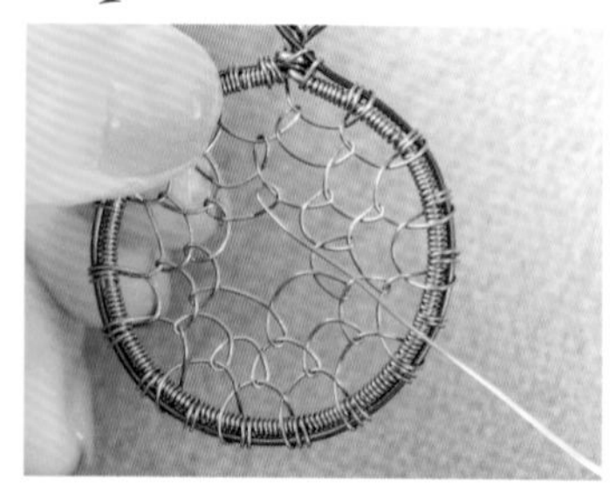

依Step9相同作法，重複作出三層內圈後，中心點即會呈現直徑約1cm的圓形。

Step 11

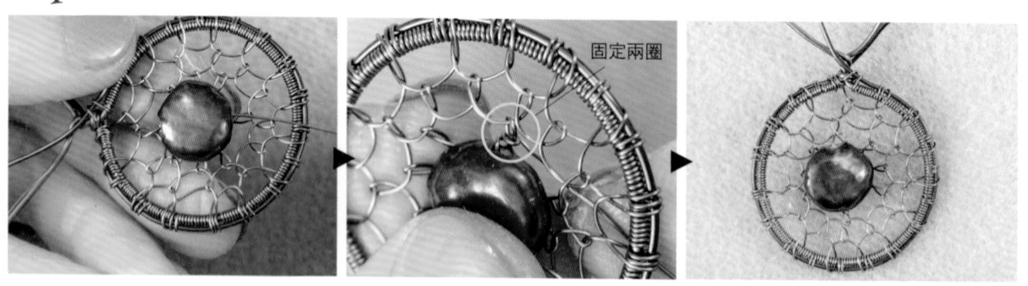

將13mm扁圓珍珠串入26G線中，如圖所示固定2圈後剪斷收線。

Step 12

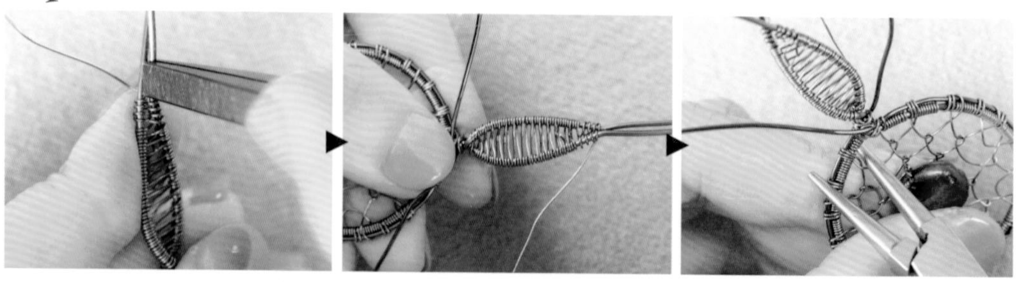

另取一段100cm的26G線（28G線也OK）將起頭18G的2條線，以人字編交叉作成約2至2.5cm的墜頭（參見P.70）&以平口鉗將兩條線夾至平行，並保留纏繞完成的26G線不剪斷。再將內圈每一個繞圈的弧度以圓嘴鉗調整塑型。

Step 13

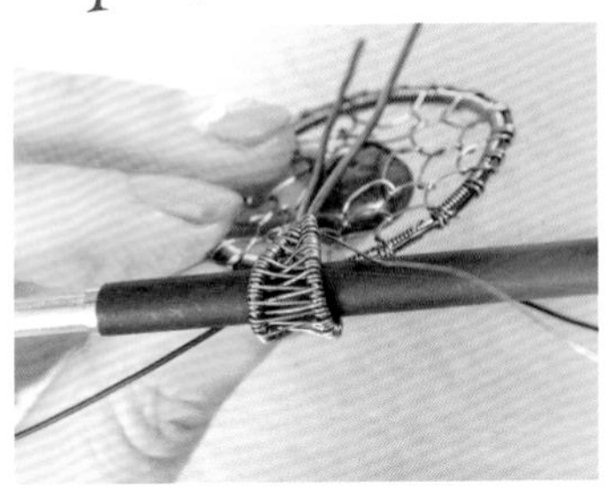

以輔助工具將墜頭拗出弧形。

Step 14

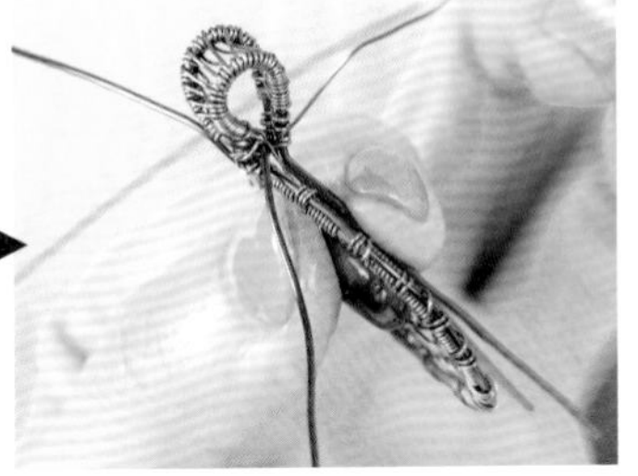

以平口鉗夾住尾端稍微向外翻，使墜頭的交接處與框架貼緊。

Step 15

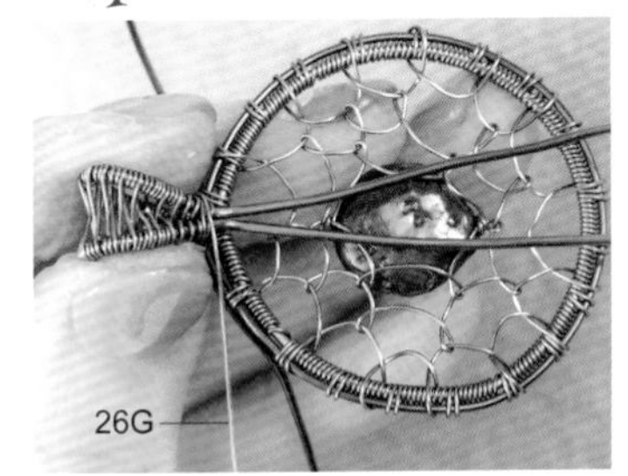

以先前保留的26G線將墜頭與框架，在脖子處緊密地纏繞2圈。

Step 16

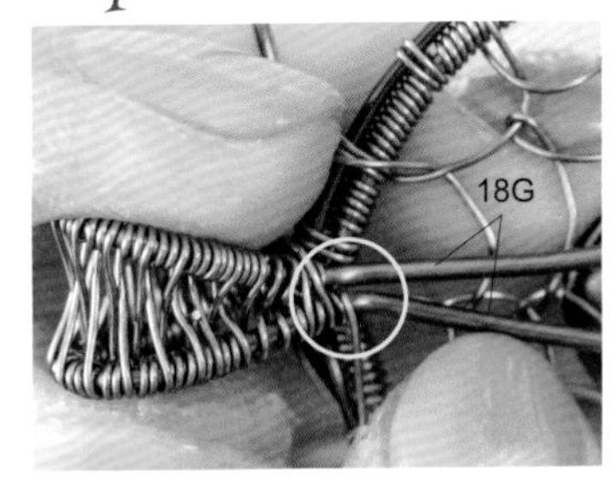

再將26G線在其中一條18G線上繞2圈後剪斷收線。

Step 17

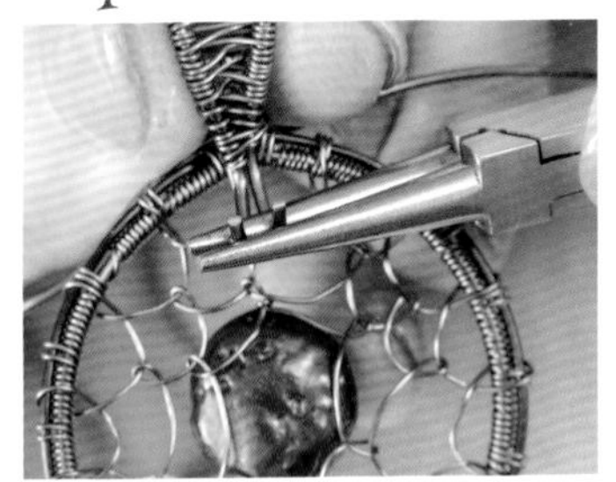

將2條18G線剪至1cm後，以圓嘴鉗往外凹折出弧度，與根部貼合。

Step 18

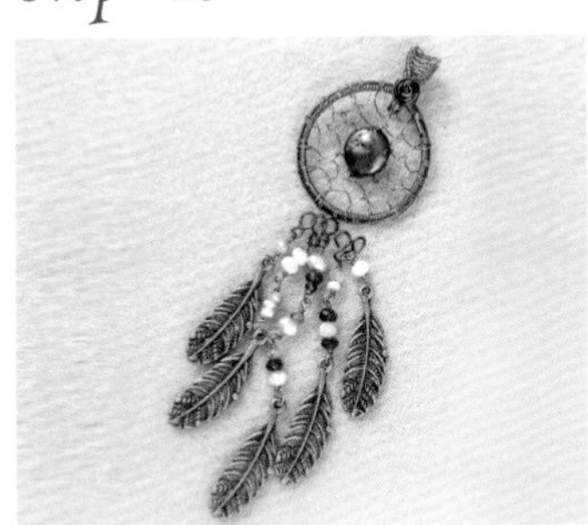

1.以剩餘的2條20G線捲成玫瑰或螺旋狀（參見P.71至P.73）。
2.將90cm的24G圓線剪成9段各約8cm後，將剩餘的珠子以固定式9針頭與葉片串聯。
3.再以剩餘的20G線作S圈，連結垂吊的珠飾與框架就完成囉！
（9針頭作法參見P.62至P.64・S圈作法參見P.61。）

Sharon 老師的小叮嚀　垂吊的珠飾盡量不要太工整，數量可依個人喜好自行調整。

艾莎公主

p.20

材料

16G線　45cm
18G線　30cm
26G線　200cm
28G線　90cm
12mm至14mm天然石　1顆
6mm珍珠　5顆
8mm珠　3顆
3mm珠　4顆

※示範教作使用不同的珠石，
你也可以自行搭配變化喔！

How to make

Step 1

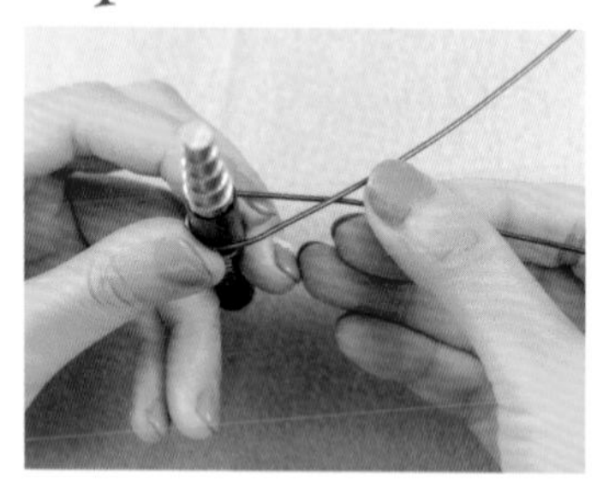

將輔助工具（五段式捲線器或筆）置於16G線中央，繞出一水滴狀。

Step 2

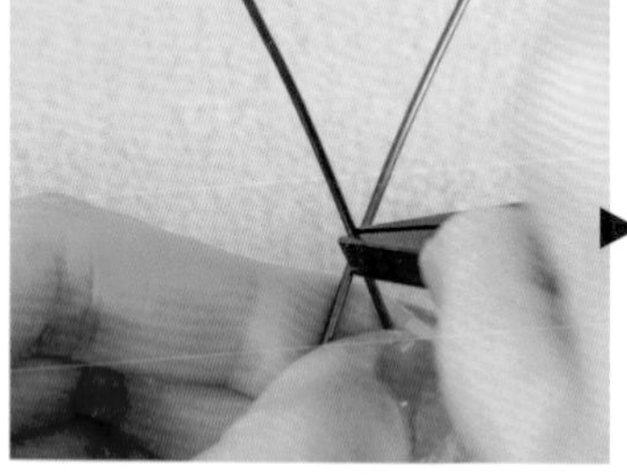

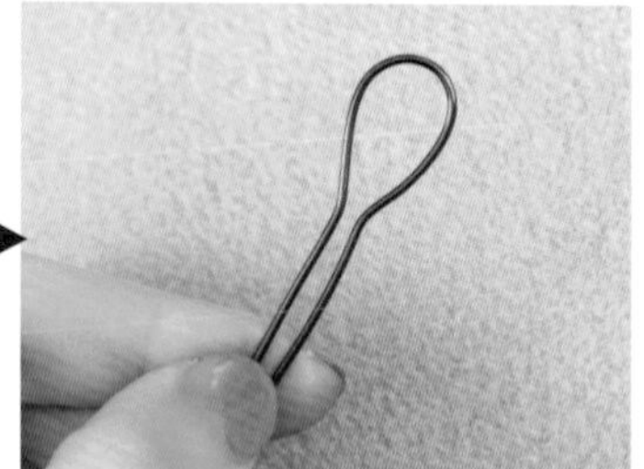

以平口鉗在線的交叉處將線折成平行，並使兩線間保留一些空隙。

Sharon 老師的小叮嚀

為增加手環的美觀，可將起頭的圓弧處稍微以鐵鎚敲平。

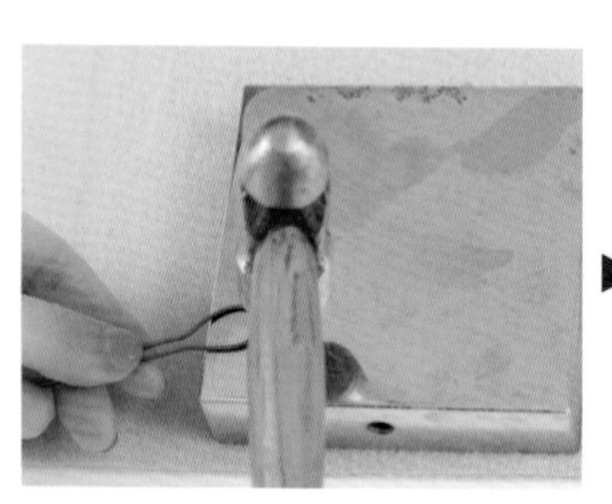

局部放大圖

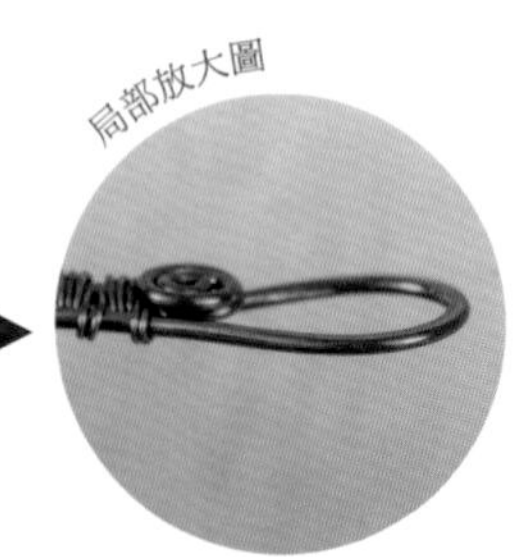

Step 3

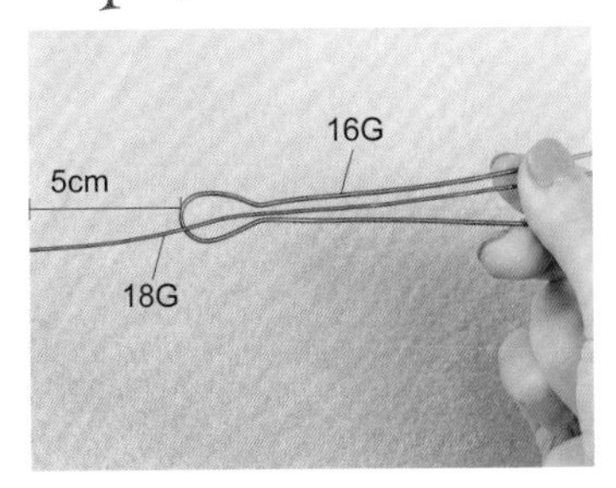

18G線前端預留5cm，置於16G的兩條平行線間。

Step 4

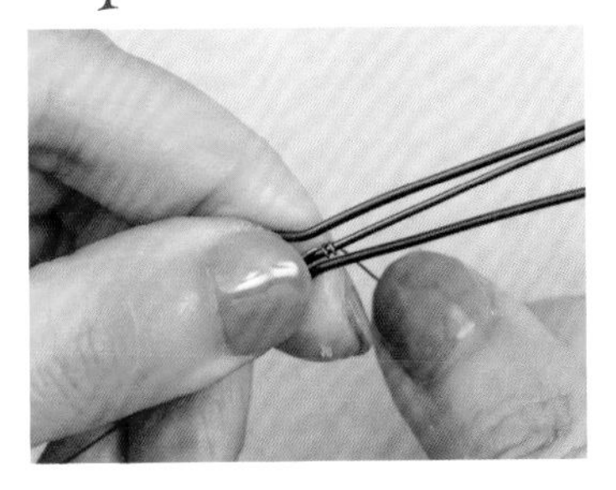

另取200cm的26G線預留2至3cm後，緊密地纏繞2圈在18G線上。

Sharon 老師的小叮嚀

起頭預留的2至3cm雖然最後會剪斷，但前端線頭若留得太短，容易刺傷自己的指頭，請多留意！

Step 5

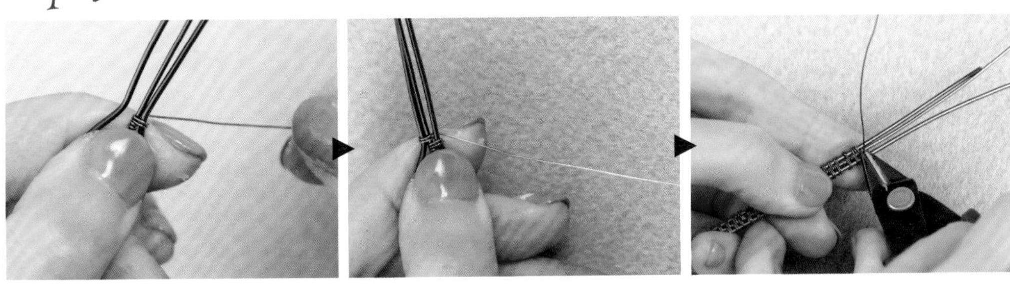

以26G進行3條線的編織約12至13cm後剪斷收線，編法參見P.69，可自由選擇喜歡的樣式，編織的長度則因人而異，手圍總長減2cm大約就是編織的長度。

Step 6

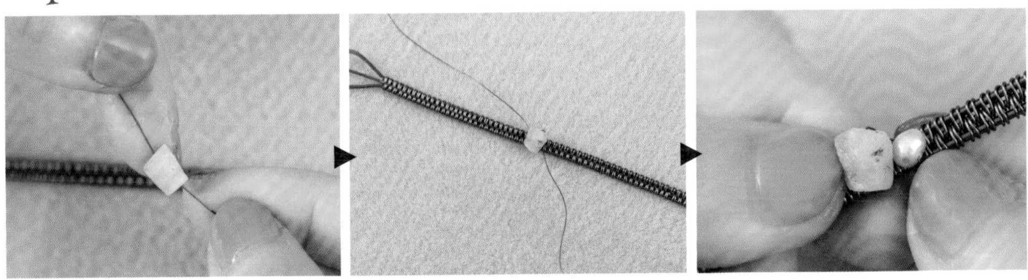

將1顆8mm的天然石串入90cm的28G線中央，再穿於編織好的手環中間位置，將 28G的線左右各繞1圈固定後，再依序進行串珠。建議先完成單側的串珠後，再將另一側完成。

Step 7

收線時，將28G遊走在每一顆珠珠的空隙間加強固定，最後再在珠珠縫隙間剪斷收線。

Step 8

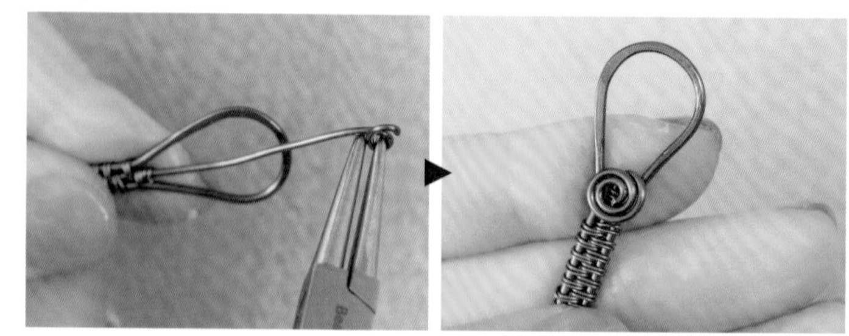

將起頭的18G線作成螺旋狀（參見P.72）。

Step 9

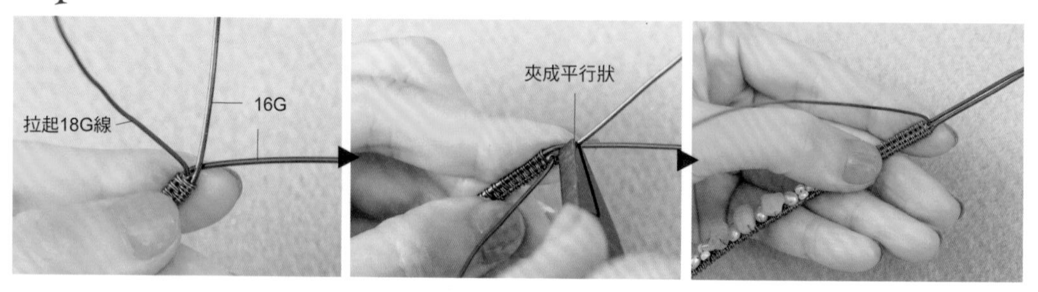

拉起尾端的18G線，再將左右的16G線交叉後，以平口鉗將交叉的線夾成平行狀。

Step 10

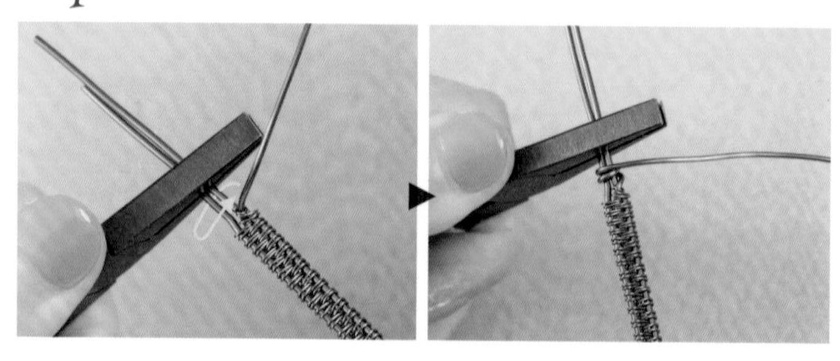

以平口鉗夾住16G線固定，將拉起的18G線繞2圈進行固定。

Step 11

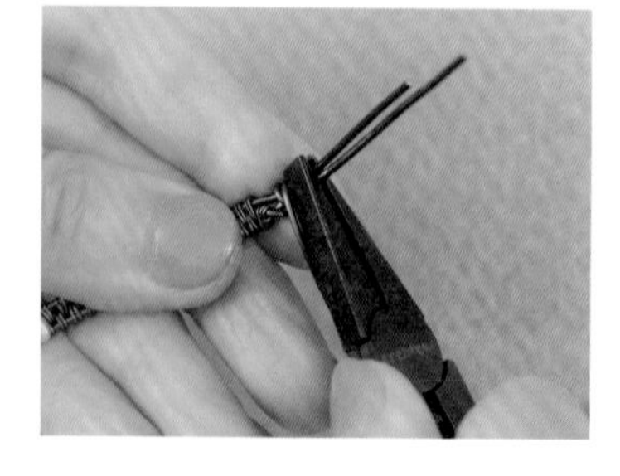

將2條16G線以平口鉗向上夾起後，剪至剩下3cm。

Step 12

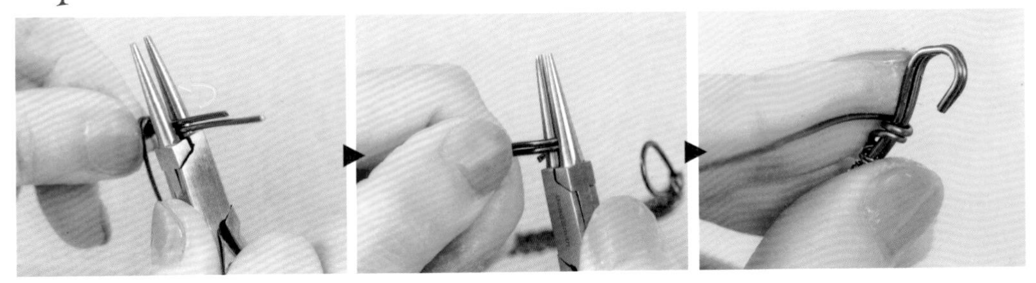

以圓嘴鉗作出鉤狀的弧形。

Step 13

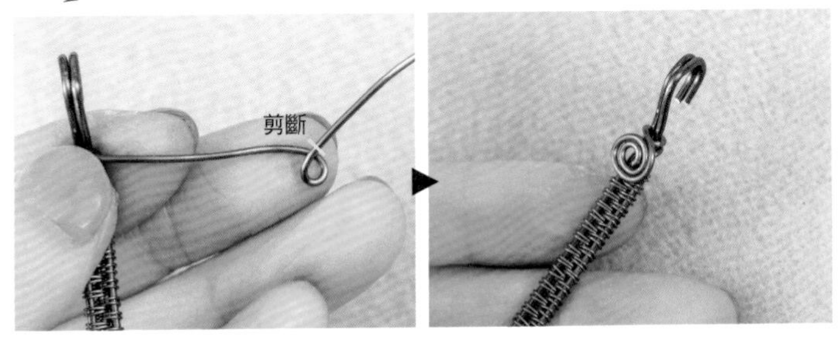

再將剩餘的18G線作成螺旋花樣（參見P.71）。

Step 14

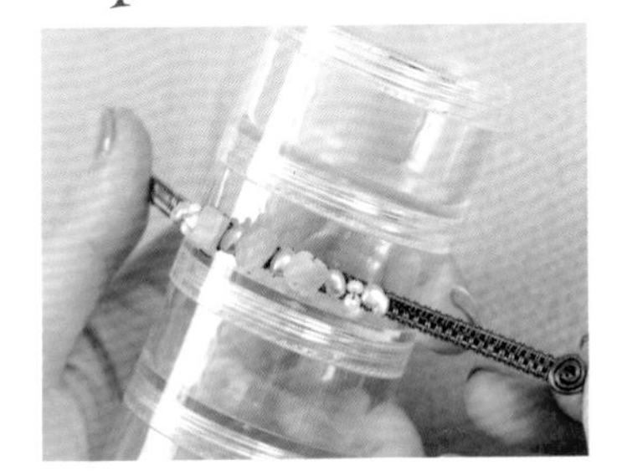

利用圓筒狀的罐子將手環拗出弧形。

Step 15

再將手環以兩手塑型成橢圓形狀。鉤環處的尖端建議以尖嘴鉗夾緊往內拗，調整角度避免在穿戴時刮傷手腕。

茵夢湖

p.22

材料

21G方線　25cm×3條
21G半圓線　100cm
28G圓線　10cm
4mm淡水珍珠　1顆
3×2.5×3cm貓眼石　1顆

※示範教作使用不同顏色的天然石，
你也挑選自己喜歡的幸運色喔！

How to make

Step 1

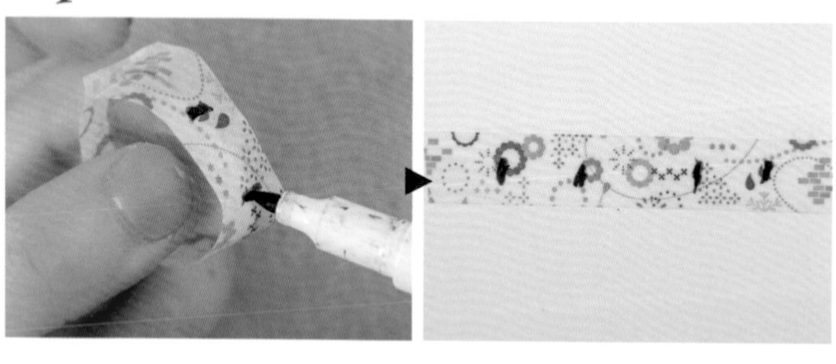

以紙膠帶圍繞測量天然石的周長，並在膠帶上畫出4個爪子的位置。

Step 2

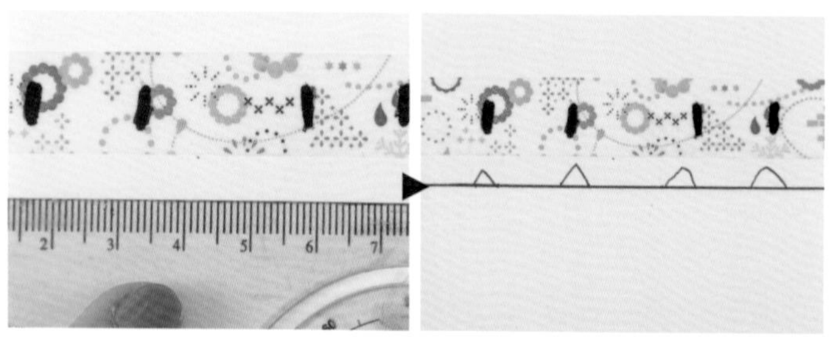

將膠帶撕下後貼在白紙上，在白紙上標示每個位置，並畫出小山的記號，小山的大小約3至4mm。

Sharon 老師的小叮嚀

4個爪子的間隔不用太均等，但是中段的長度可以比其他間隔稍長。

Step 3

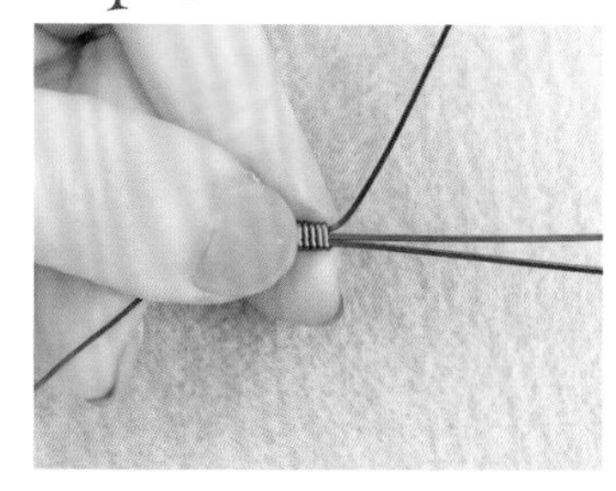

以膠帶固定3條21G方線前端，另取一段20cm的21G半圓線自方線8cm處起，纏繞至第一個小山的位置前端。再將最上方的方線拉起，將半圓線尾端剪斷收線（半圓線收線方式參見P.107風中奇緣Step3至5）。

Step 4

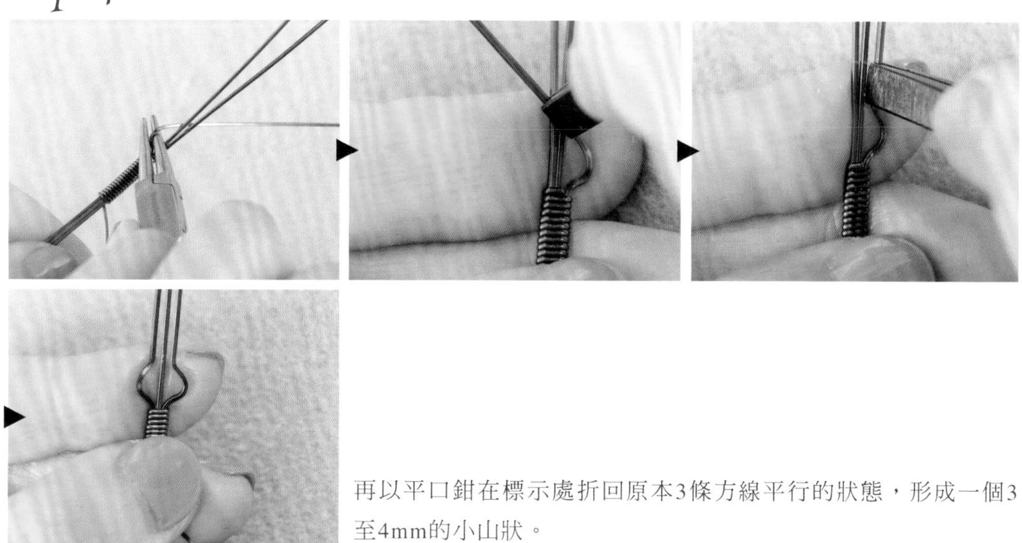

再以平口鉗在標示處折回原本3條方線平行的狀態，形成一個3至4mm的小山狀。

Step 5

以Step4相同作法，完成4個小山。除了起頭＆收尾處的半圓線先不剪斷，B・C・D段的半圓線頭尾皆需剪斷收線。

Step 6

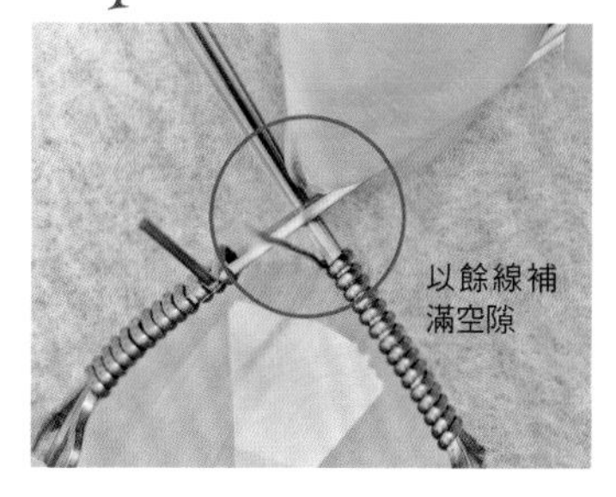

如圖所示將編好的方線圍繞貓眼石1圈，再以剩餘的半圓線將空隙纏繞補滿後剪斷收線。

Step 7

以平口鉗將交叉處折成平行狀，並確認框架是否確實包覆主石。

Step 8

以圓嘴鉗的握柄將每一個小山壓向貓眼石面，並注意前後的小山都要包覆著主石。

Step 9

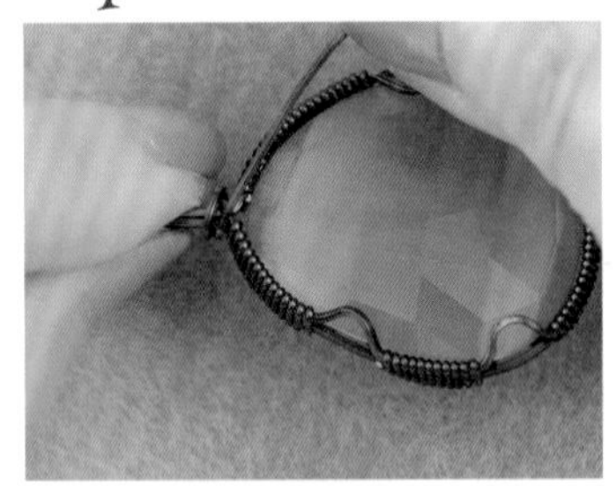

拉出一條起頭的21G方線，在脖子處纏繞2圈固定後，暫時保留備用。

Step 10

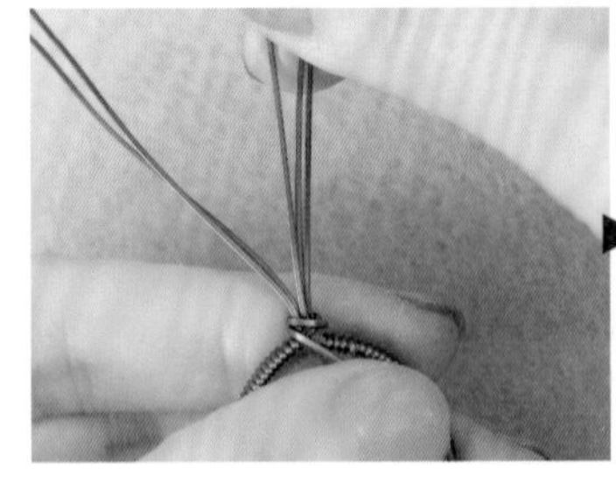

取3條線以輔助工具（五段式捲線器）繞出墜頭的弧度。

Step 11

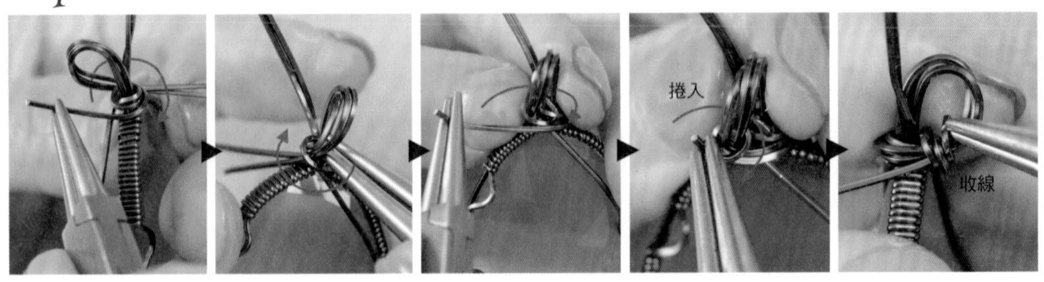

逐一將3條線回拉纏繞於Step10捲出的圓弧內收線。

Step 12

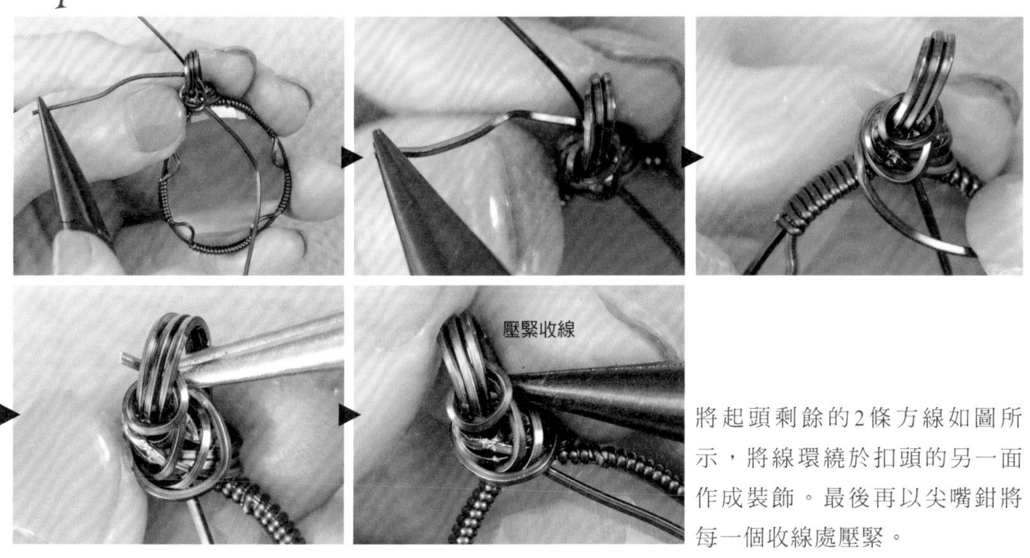

將起頭剩餘的2條方線如圖所示，將線環繞於扣頭的另一面作成裝飾。最後再以尖嘴鉗將每一個收線處壓緊。

Sharon 老師的小叮嚀

纏繞的方式盡量簡潔有層次即可，這樣墜飾的正反面都有漂亮的造型。

Step 13

以剩餘的線作螺旋裝飾（參見P.71）。

Step 14

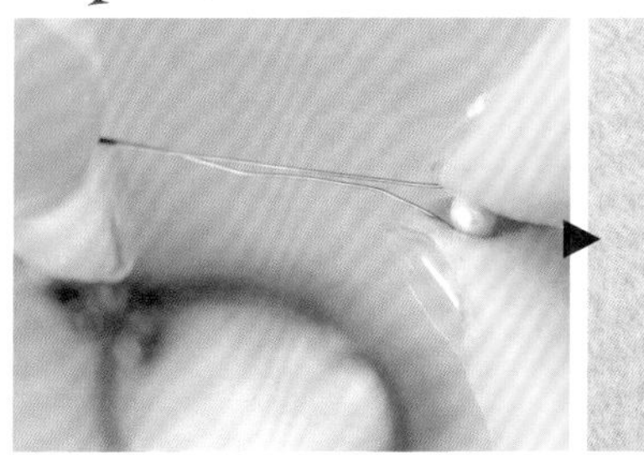

將10cm的28G線串入小珠，再綁在已完成的主墜上就完成囉！

Sharon 老師的小叮嚀

墜頭的製作方式不限，可發揮創意自由創作唷！

祕密花園

p.24

材料

28G線　1捲

長鏈
6mm水晶珍珠　50個
5mm水晶珍珠　100個
4mm石榴石　50個
4mm水晶珍珠　50個
3mm珍珠　100個
1.5至2mm鉤針　1支

主花
11×13mm圓片不規則珍珠　5個
12mm貝殼刻花　1個
10mm貝殼刻花　1個
6mm珍珠　3個
4mm珍珠　5個
3mm珍珠　5個
3.2×2.5cm別針銅片　1個

How to make

長鏈

Step 1

將400顆珠子，依大小、顏色稍微均等地分配穿入28G線內（先不剪線）。

Sharon 老師的小叮嚀

Hana因個人身長不同，珠子所需數量可自行斟酌約400至450顆左右。

Step 2

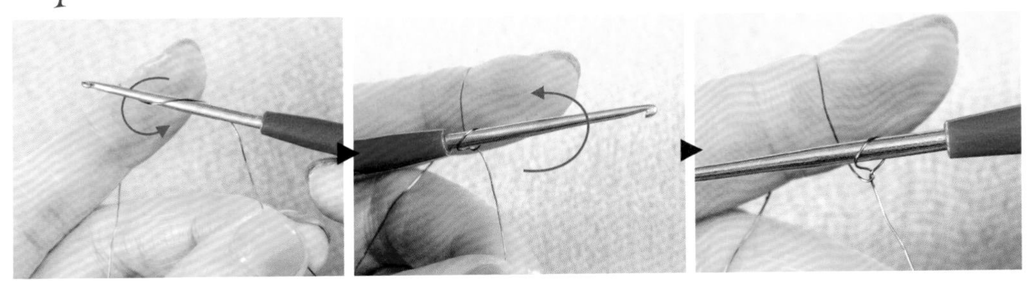

以1.7mm的鉤針在28G線線端約15cm處鉤繞1圈。

Step 3

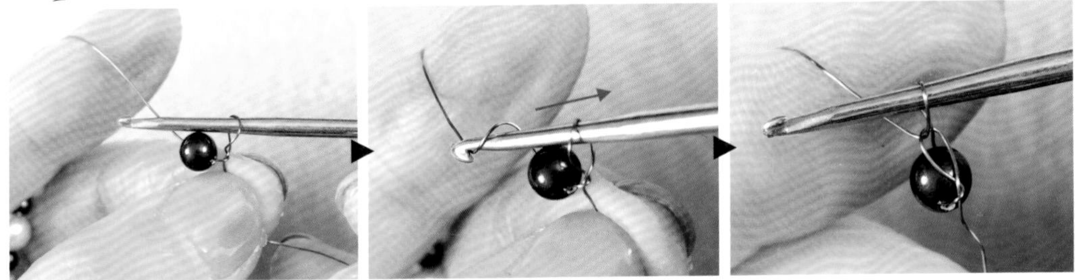

移動1顆珠子靠近，將另一端的28G線勾入起頭的圓中拉出（此技法可參考毛線鎖針的織法）。

Step 4

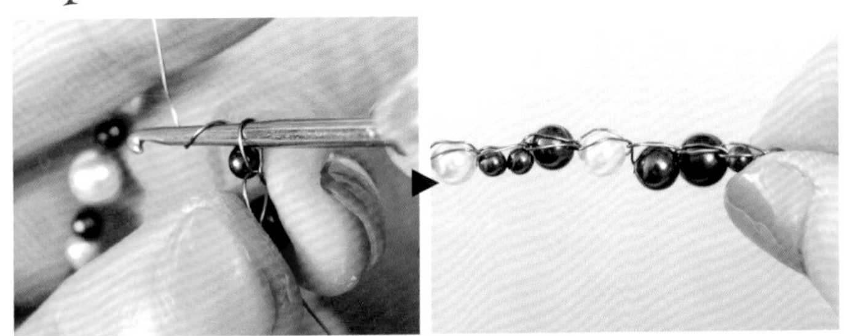

依Step3相同作法依序鉤完每一顆珠子，製作時請保持鬆緊度適中，不要太緊以免影響作品長度（小珠子也可以兩顆一起鉤一針）。

Step 5

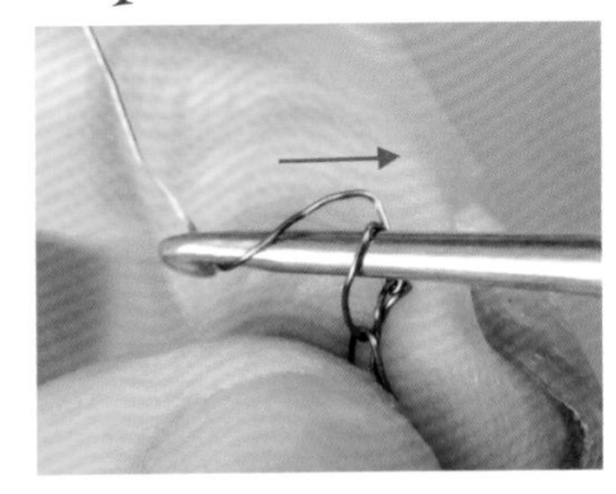

完成後請將尾端的線預留10cm後剪斷，再作1個短針將線拉出。

Step 6

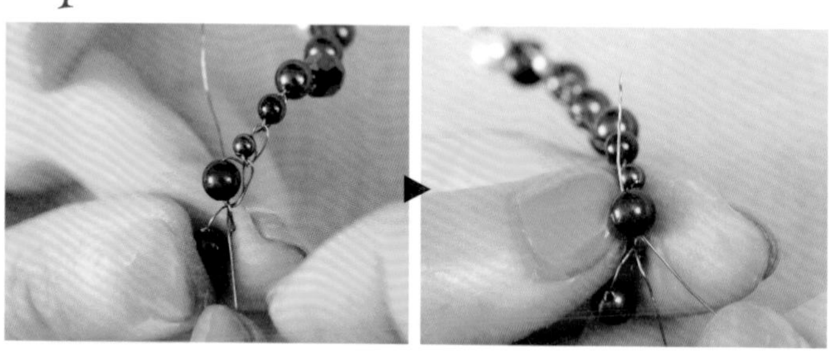

將尾端預留的線回穿數次加強固定，再穿入某一顆珠內剪斷收線，將線頭藏好。

Step 7

對折長鏈，從兩端起扭轉連結在一起。依扭轉的鬆緊不同，鏈長也會因此改變，可依個人喜好自行調整。

主花

Step 8

取一段150cm的28G線依序穿入5個圓片不規則珍珠，在交叉處繞1圈後固定。

Step 9

在每一個圓片不規則珍珠上下交叉纏繞4圈，使每一個圓片不規則珍珠出現2條橫線。

Step 10

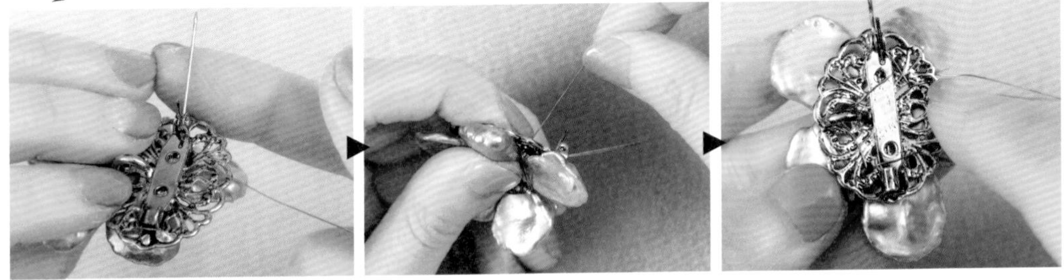

以28G線將完成的花與銅片結合固定（縫合前請將別針打開，避免不小心將別針綁死打不開）。

Step 11

以剩餘的28G線陸續穿上貝殼刻花和其他的天然石或珍珠，將花心的空隙填滿。最後再以剩餘的28G線在珠珠縫隙間遊走加以固定，並建議在貝殼刻花下纏繞2圈後剪斷收線。

Juliet

茱麗葉

p.28

材料

22G圓線　25cm×6條
6mm瑩石　2顆

How to make

Step 1

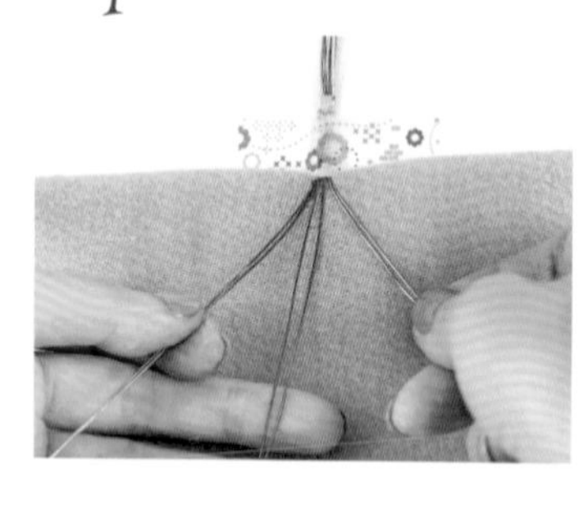

將6條線的一端以紙膠帶固定於桌面，將2條線為1股，共分成3股。

Step 2

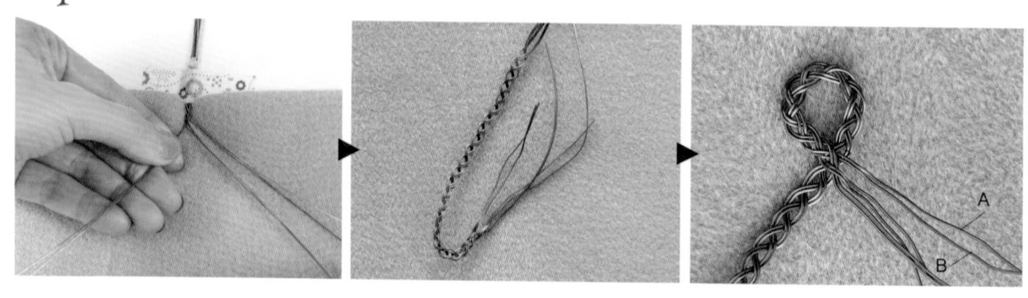

以麻花辮的三股編法，交叉編織約13cm。

Sharon 老師的小叮嚀　注意平行交織不要扭轉！

Step 3

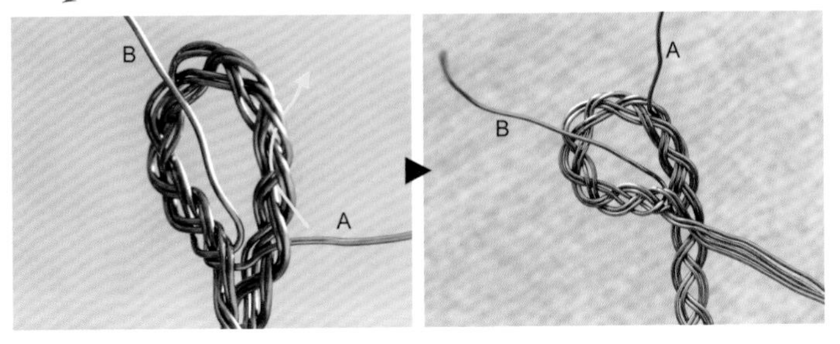

將標示的A段線穿入縫隙後再沿著交叉處將線拉出。

Step 4

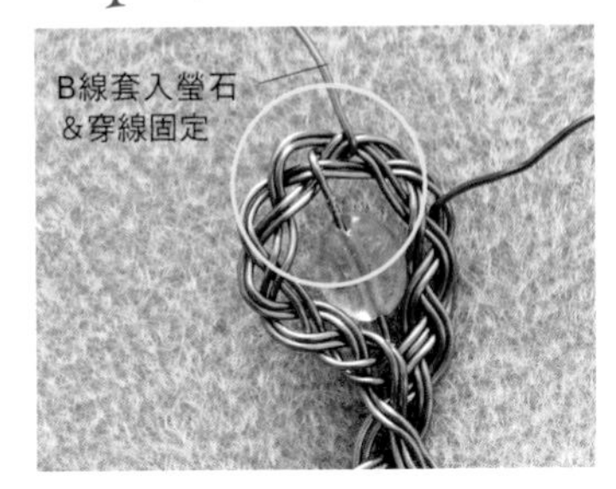

在B線上套入1顆瑩石後，穿入縫隙再將線拉至正面。

Step 5

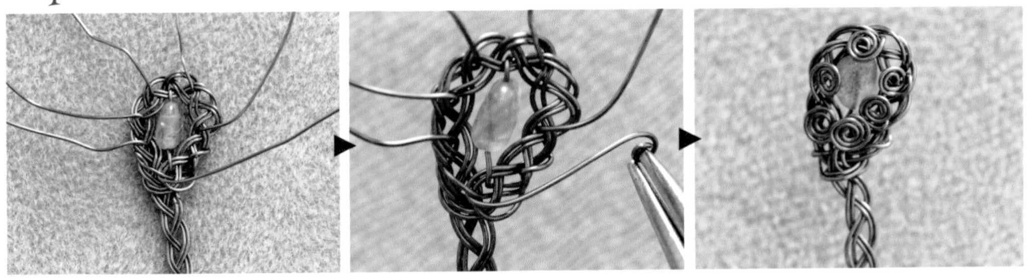

依序將其他4條線在交叉的空隙間遊走，進行線的位置佈局，並使所有的線最後都穿回正面。再逐一將所有的線捲成螺旋狀（參見P.71）。

Step 6

以Step2至5相同作法，繼續將另一端完成。

Step 7

套在戒圍棒上塑型。

Step 8

以尼龍鉗將戒指外形調整成水滴狀，再使螺旋緊壓服貼於主石上。

Sharon 老師的小叮嚀　兩邊墜頭的方向要相反的喔！

蜜之信約

p.32

材料

20G線　20cm×3條
28G線　150cm
6mm天然石　1顆

How to make

Step 1

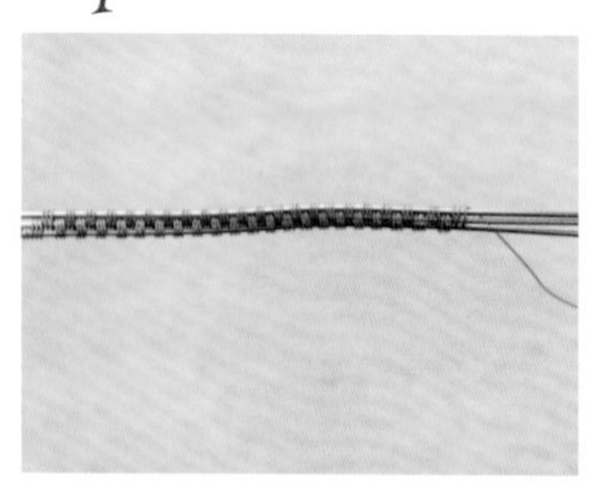

取3條20cm的20G線並排，前端預留約7至8cm，再以150cm的28G線如圖所示編線約6cm（編線長度可依個人指圍計算，3條線的編法參見P.69，可選擇個人喜好的樣式）。

Step 2

以戒圍套量環測出自己的指環後，套在戒圍棒上以筆作記號。將編好的金屬線圍繞套上戒圍棒上。

Step 3

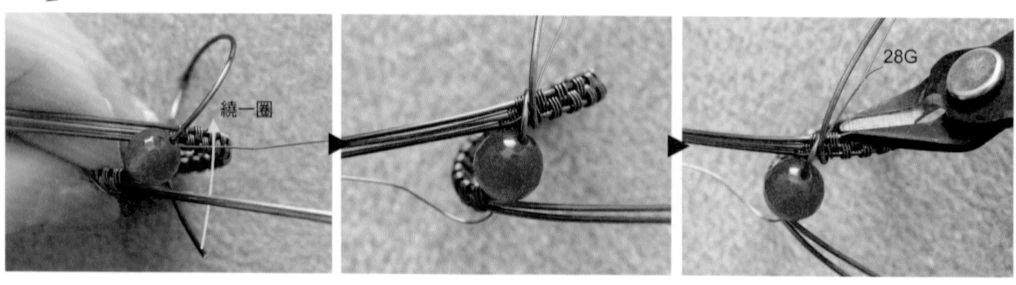

先取1條20G靠近中心的線，套入主珠後在另一端的戒圍上迴繞1圈，剪斷28G線。

Step 4

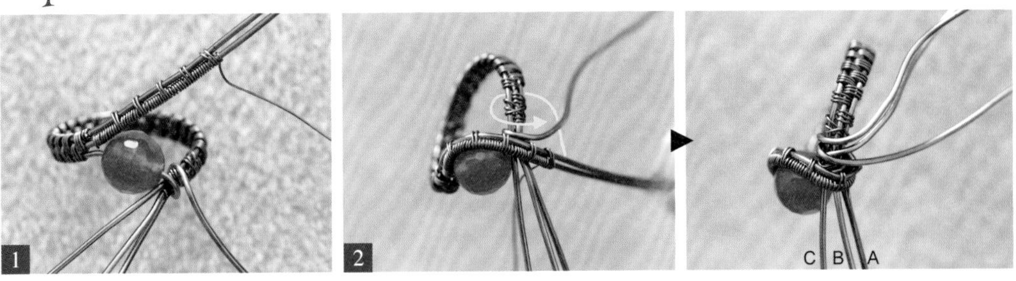

1 續用另一端未剪斷的28G線將2條20G線如圖所示編織約2cm（兩條線的編法參見P.68）。

2 以編線沿著主石旁環繞半圈後，將2條20G線在另一端的戒圍上纏繞1圈。

Step 5

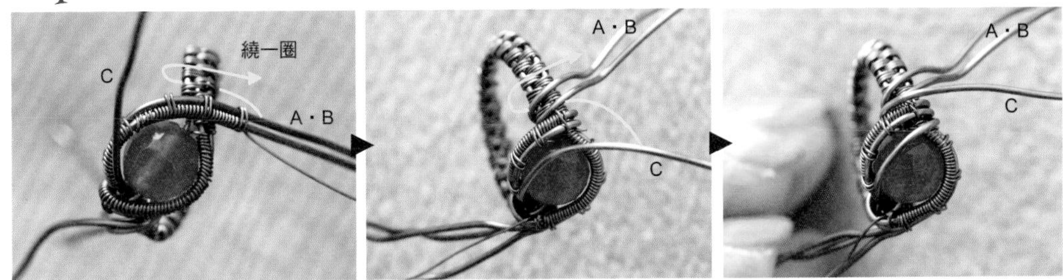

1 以剩餘的28G線，在另外3條線的外側2條（A・B）上編線纏繞2cm（同Step4），再以沿著主石環繞另外半圈。

2 將A・B線如圖所示在另一端的戒圍上繞1圈後，將剩餘1條20G線C，沿著主石圍半圈並纏繞在戒圍上。

Step 6

將兩端剩餘的線捲成小螺旋（參見P.71）以增加美感。

Sharon 老師的小叮嚀

此作法是將兩端剩餘的3條線剪斷其中1條，僅將2條線捲成小螺旋作裝飾，你也可以依自己的喜好創作。

風中奇緣

p.34

材料

18G麻花方線　25cm×4條
18G方線　30cm×1條
18G半圓線　60cm×1條
6×6mm方形瑪瑙珠　1顆
5mm銅珠　2顆
4mm銅珠　16顆
6mm米粒銅珠　6顆
18G方線（或麻花線）20cm（作扣頭＆加長鍊）

Sharon老師的小叮嚀

新手也可以改以21G線進行編製，因為18G線真的很硬啊！

How to make

Step 1

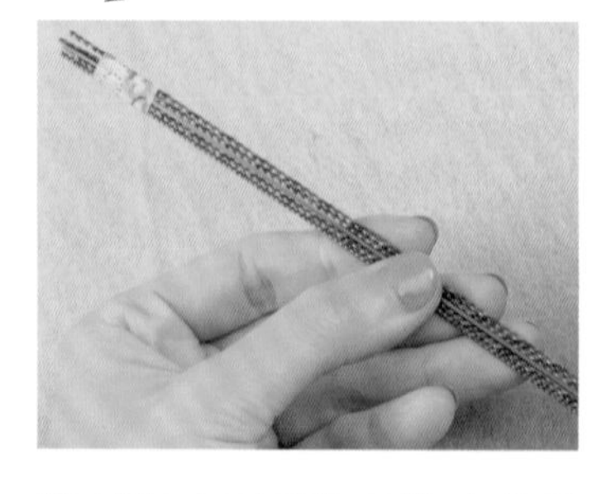

將4條18G麻花方線（參見P.60）並排，再將30cm的18G方線放置中央後，前端以膠帶固定。

Step 2

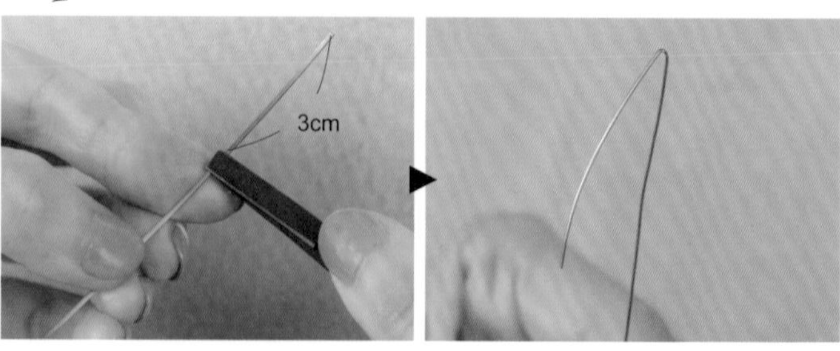

取一段10cm的半圓線以平口鉗在前端3cm處折1個鉤狀（外側為半圓面‧內側為平面）。

Step 3

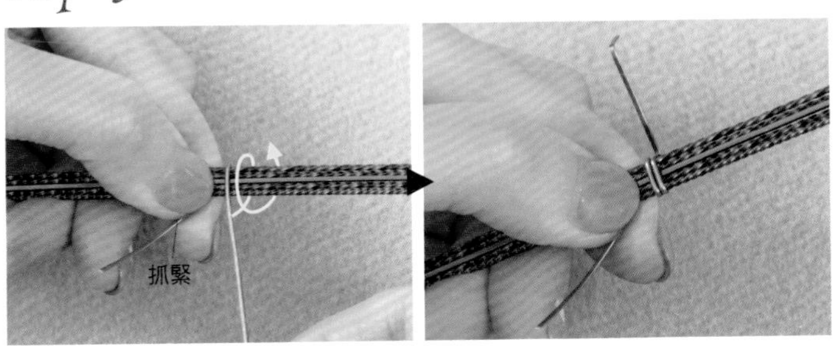

在步驟1的5條線前端12cm處（即約中央位置），套入半圓線的勾勾後，抓緊前端再纏繞2圈固定。

Step 4

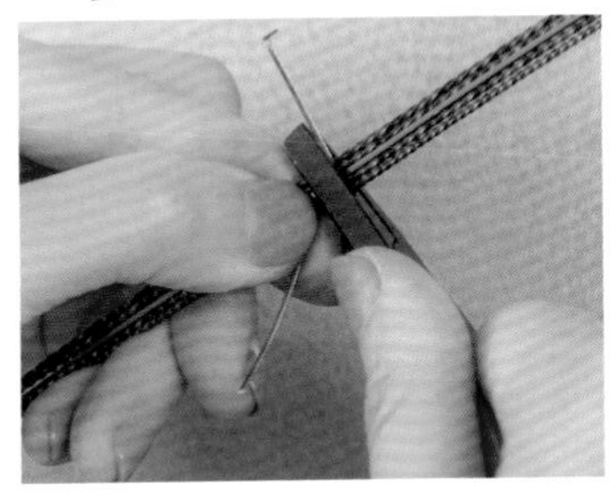

以平口鉗夾緊纏繞處以防滑動。

Step 5

進行半圓線的收線。以平口鉗在半圓線的尾端折1個90度角後，以剪鉗在標示處剪線，使線端呈現1個小小的爪子狀，再以平口鉗壓緊。另一線端作法亦同。

Sharon 老師的小叮嚀

爪子是為了防止剪斷的半圓線翻起，以加強固定。

Step 6

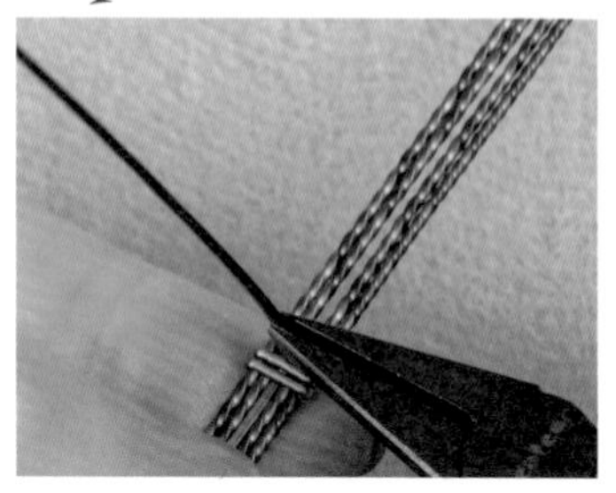

將中間的18G線以平口鉗翻起。

Step 7

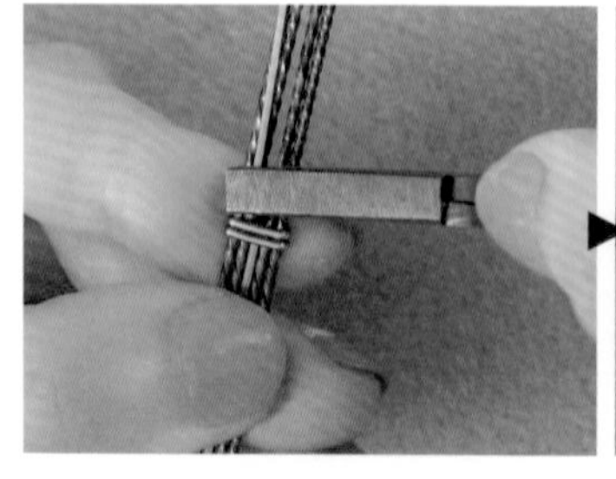

在3mm處以平口鉗折1個直角。

Step 8

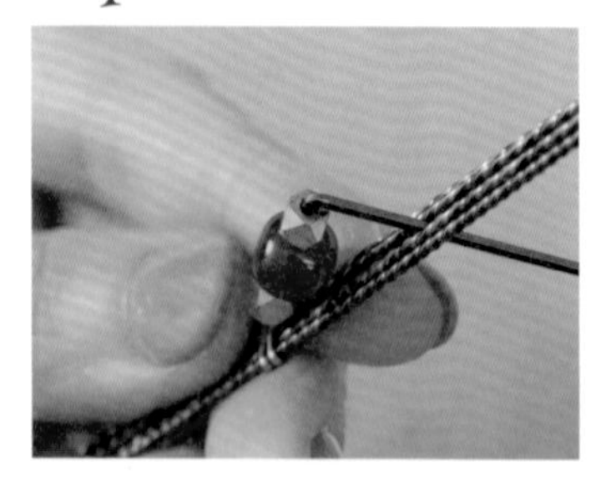

依序套上6mm銅珠・主珠・6mm銅珠後，以平口鉗下折1個直角。

Step 9

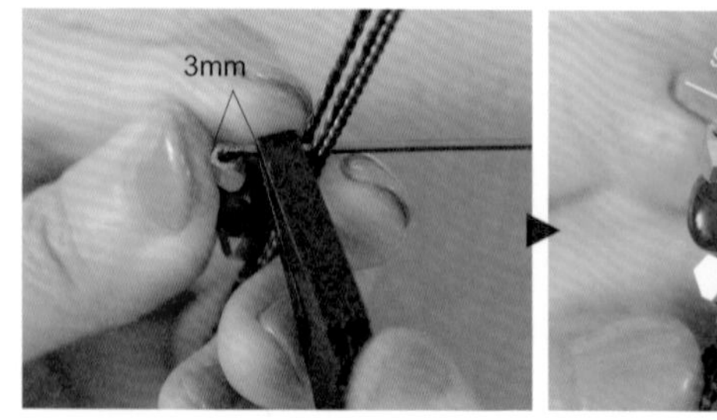

再於標示處（約3mm）以平口鉗折1個直角，將此線放回4條18G麻花方線中間並排。

Step 10

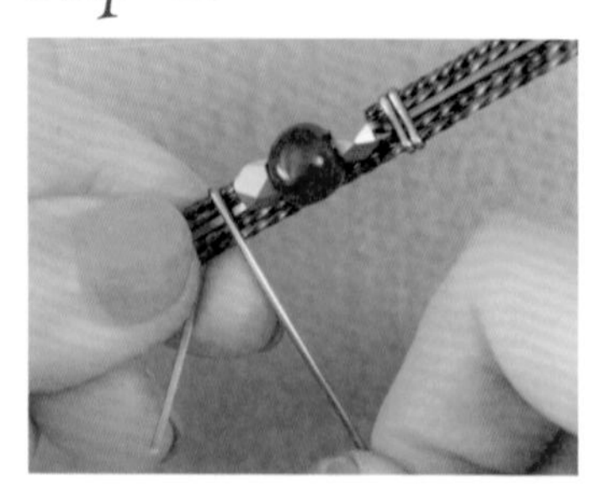

另取一段10cm半圓線，依Step2至5相同作法繞2圈固定，中央主珠即配置完成。

Step 11

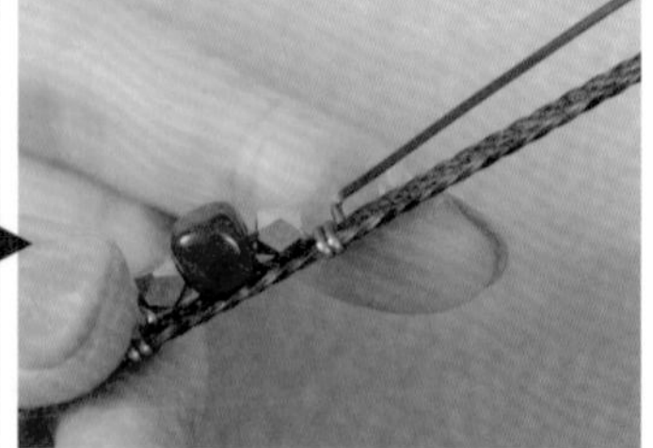

將一側的中間方線拉起，在2mm處折1個直角。

Step 12

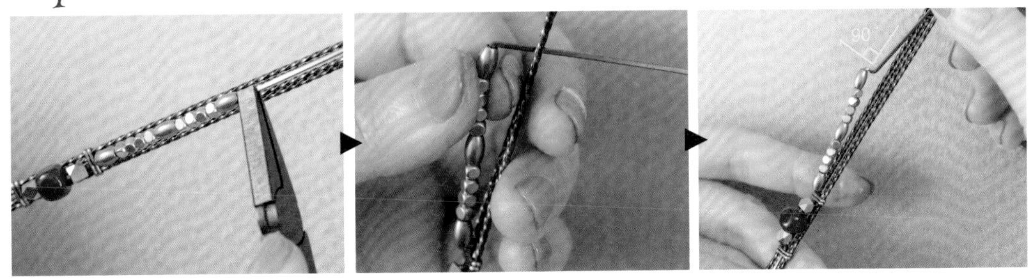

依序套入銅珠後，下折1個直角，再將線折回4條18G麻花方線中間並排。

Step 13

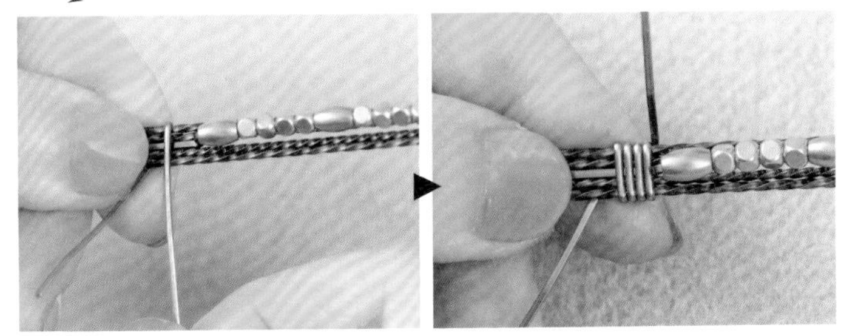

取一段20cm的半圓線由外往內繞4圈後，以平口鉗夾平。此時先不剪線。

Step 14

再將另一側依Step11至13相同作法製作後，將手環固定在圓形罐（與手圍大小相近的圓柱體）上彎折出圓弧形，再將半圓線剪斷收線。

Sharon 老師的小叮嚀

先不剪斷半圓線的原因是當手環折成圓弧形後可能會出現空隙，此時以半圓線調整圈數，最後收線剪掉後會比較美觀。

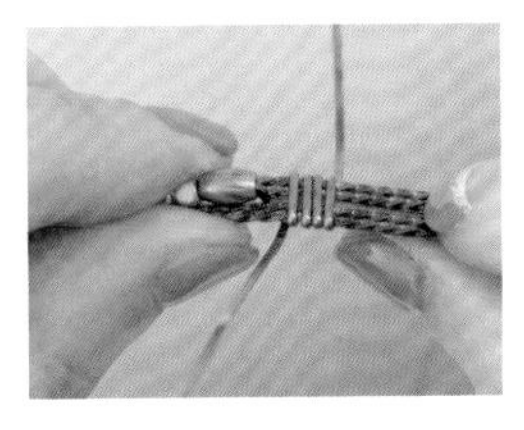

Step 15

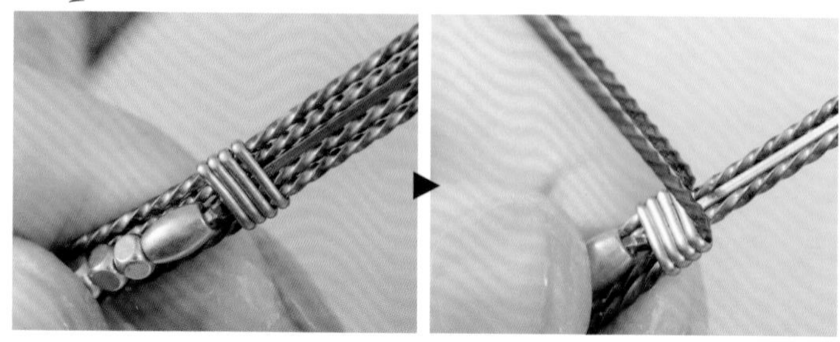

以平口鉗將外側的兩條麻花方線翻起。

Step 16

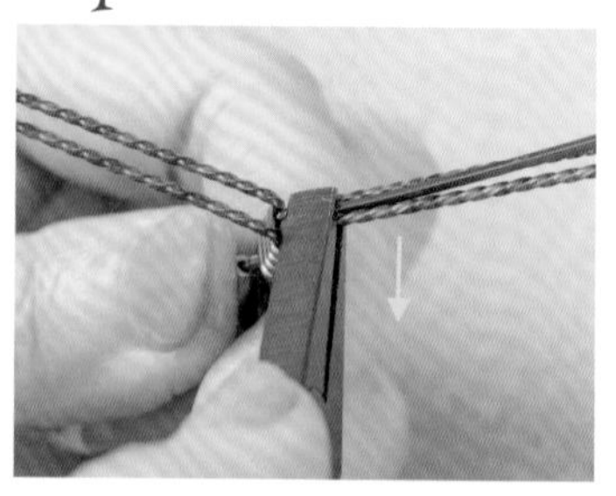

再將其餘3條線以平口鉗下折1個直角。

Step 17

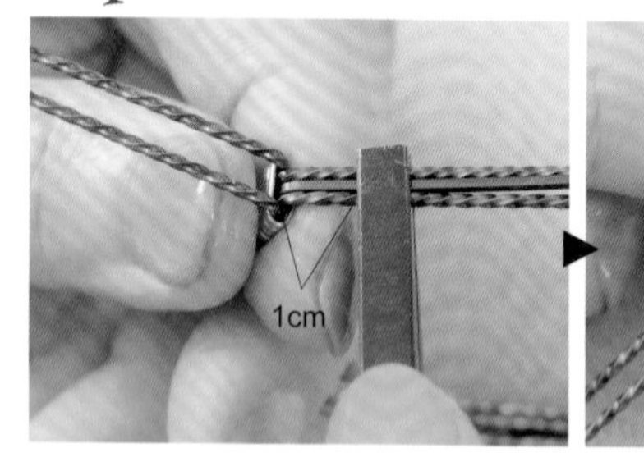

在1cm處以平口鉗再折1個直角。

Step 18

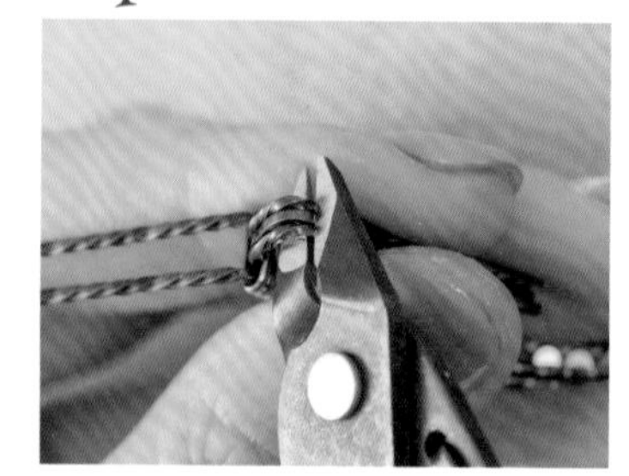

在距離折角1mm處剪斷。

Step 19

以平口鉗將線內折後壓平。

Step 20

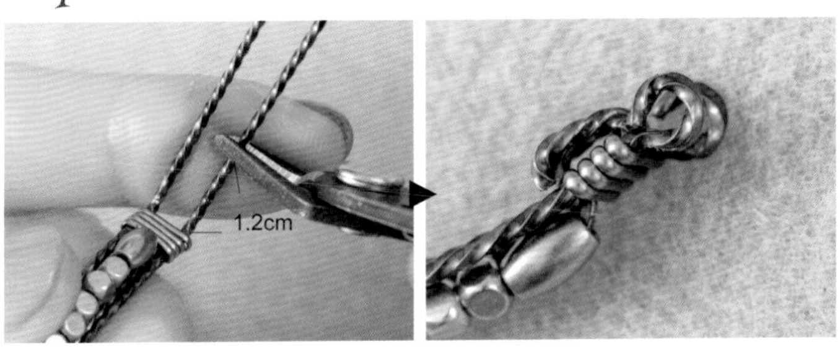

將外側2條線在1.2cm處剪斷，各作1個9針頭。

Step 21

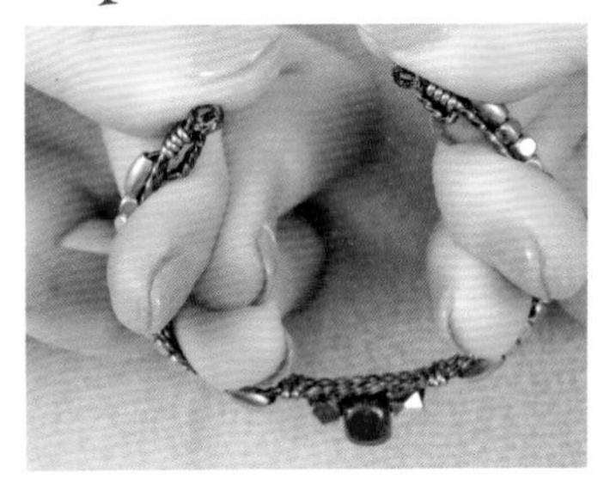

依Step15至20相同作法，將手環的另一端進行收尾。完成後，以雙手將手環拗成橢圓弧形。

Step 22

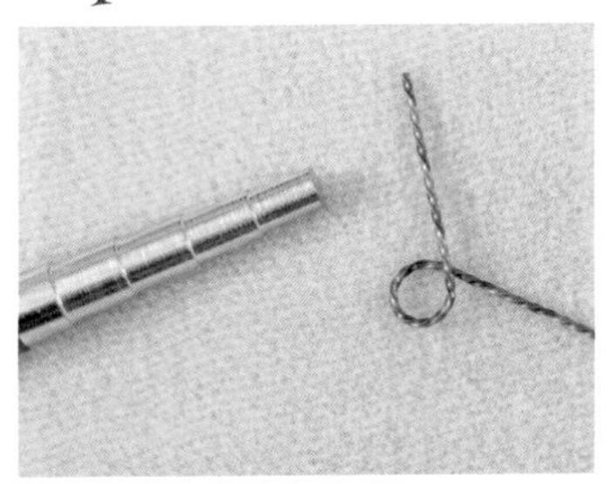

另取一段5cm的18G麻花線，以五段捲線器捲出圓圈。

Step 23

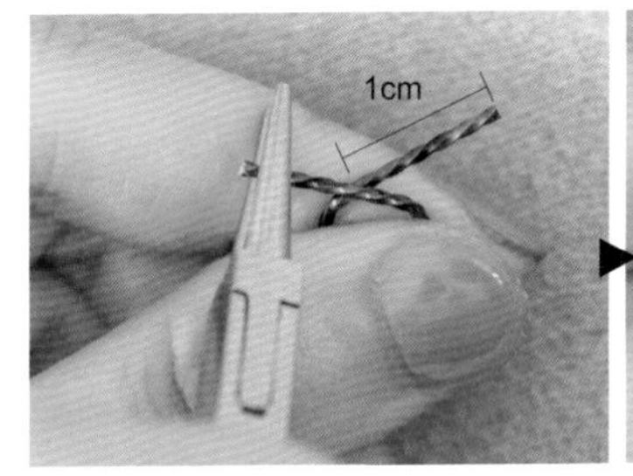

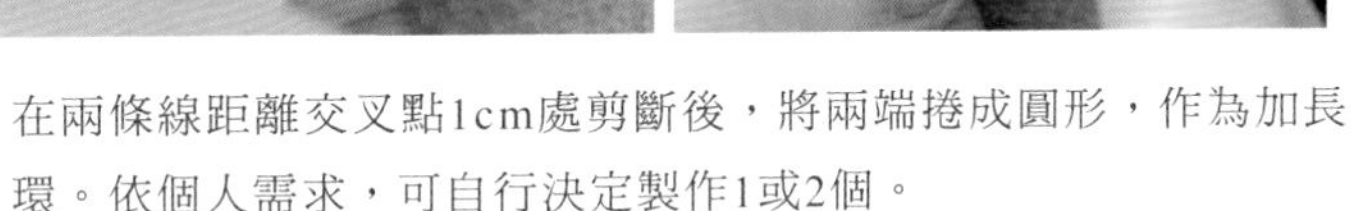

在兩條線距離交叉點1cm處剪斷後，將兩端捲成圓形，作為加長環。依個人需求，可自行決定製作1或2個。

Step 24

將加長環分別套入手環兩端，再以剩餘的18G線作1個扣頭（參見P.66）就完成囉！

Sharon 老師的小叮嚀

除了銅珠的大小與多寡會決定手環的長度，也可以用S圈或加長環依個人手腕大小來調整手環的長度。

閃亮的日子

p.36

材料

18G線　30cm
18G線　10cm（扣頭用）
26G線　約390cm
4mm水晶角珠　40顆
內徑2mm・外徑5mm銅珠　4個（可依喜好選擇）
Becharmed珠　1個

How to make

Step 1

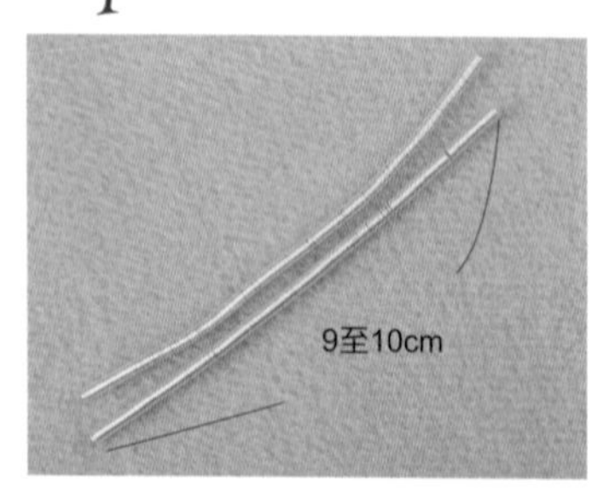

取150cm（請自行斟酌手圍大小）的26G線，以最細的彈簧捲線器捲成2段9至10cm的彈簧（參見P.60）。

Step 2

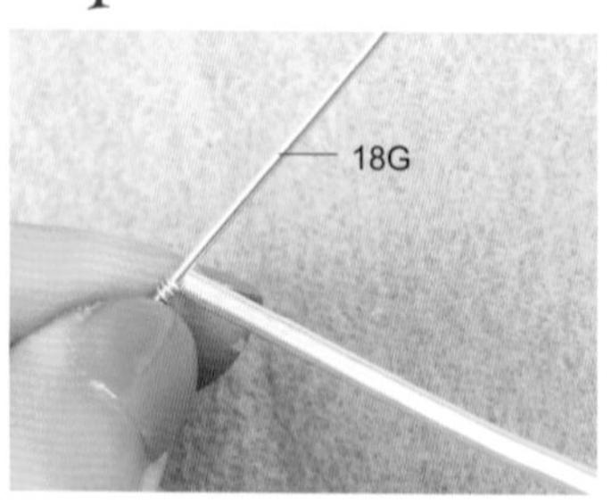

在30cm的18G線前端預留6cm，以90cm的26G線繞2圈固定在18G上，再將一段9cm的彈簧套在26G線上。

Step 3

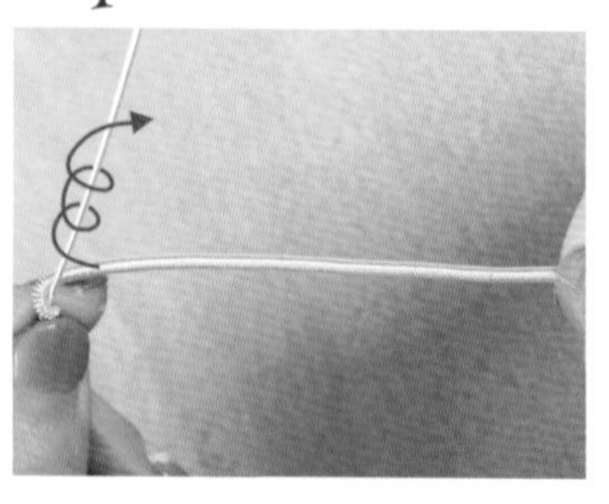

左手捏緊18G線＆彈簧的起頭，右手固定在26G線的尾端，將彈簧在18G線上進行纏繞。

Step 4

彈簧完整纏繞在18G線上後，以26G線在18G線上緊緊繞2圈固定。

Step 5

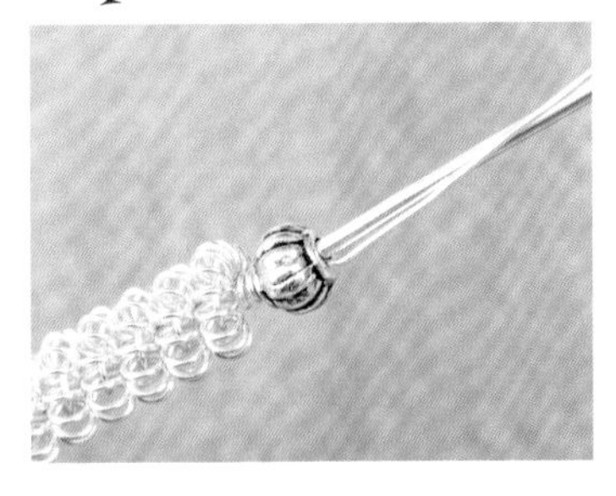

將小銅珠配件同時穿過18G跟26G線。

Step 6

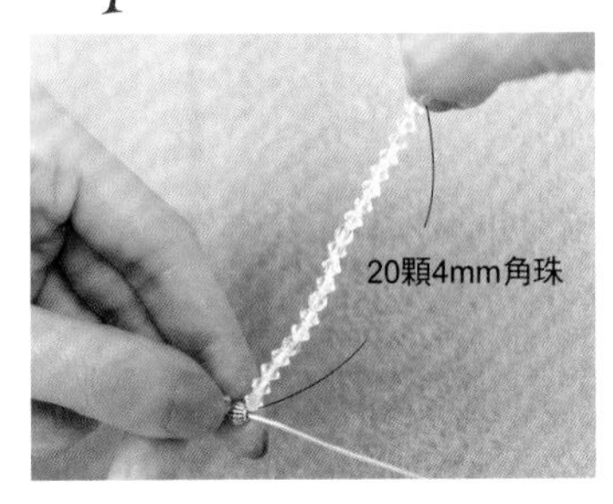

在26G線上串入20顆4mm角珠。

Step 7

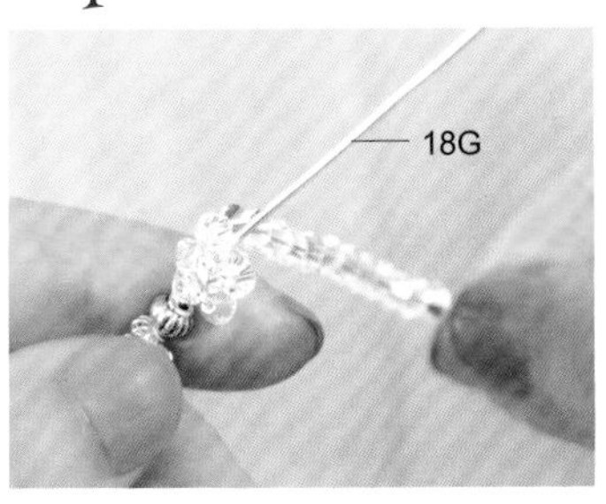

右手拉住26G的尾端固定，再慢慢地將所有角珠不留空隙地纏繞在18G線上。

Step 8

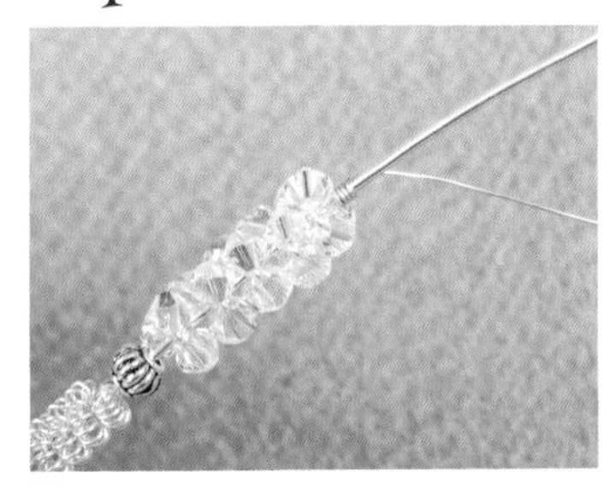

角珠完整纏繞在18G線上後，以26G線在18G線上緊緊繞2圈固定。

Sharon 老師的小叮嚀

此時可視狀況調整角珠的位置，但無需太工整，有點層次更有個性喔！

Step 9

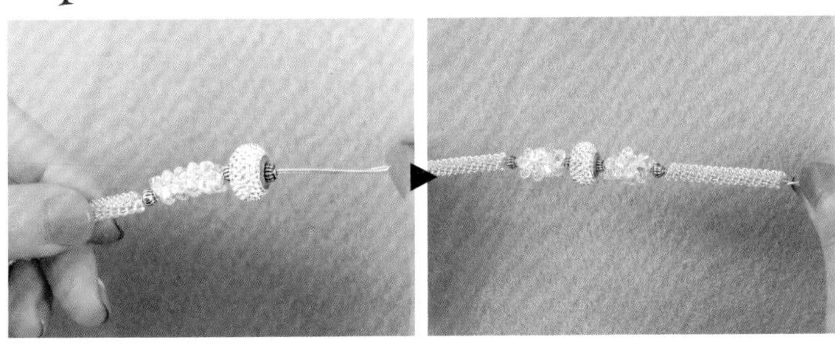

依序串入小銅珠、swarovski的Becharmed珠後，以Step6至8與Step3至5相同作法，左右對稱地完成另一側的串接。

Step 10

將26G線繞2至3圈固定在18G上後剪斷，並以尖嘴鉗夾緊線頭收線。

Step 11

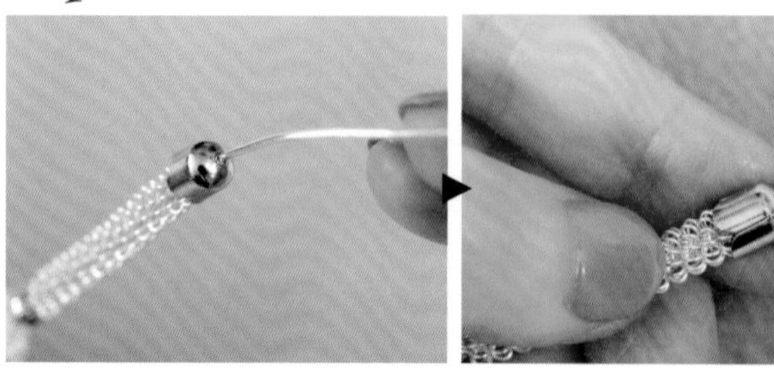

將花帽套在18G線端處，並作9針頭（參見P.62至P.64・可自行選擇活動式或固定式）。

Step 12

在固定另一邊前，先將手環拗成圓弧狀，再套入花帽。

Step 13

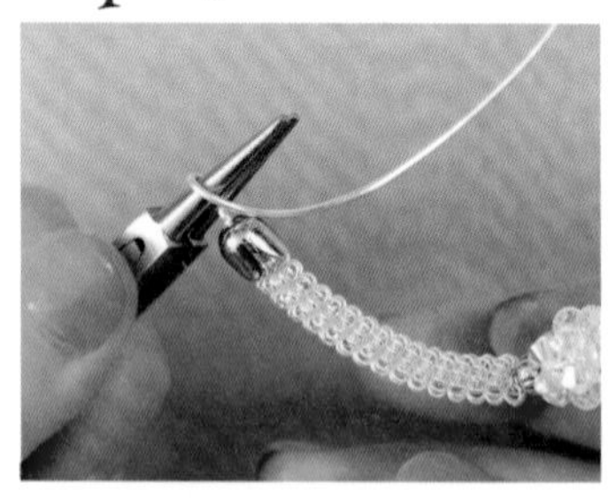

先以順時針方向將手環扎實轉緊後，再作9針頭。

Step 14

調整水晶的位置以期能夠更為美觀。

Step 15

利用剩餘的18G線製作＆加上扣頭（參見P.65至P.67・自由選擇喜歡的樣式），即完成你專屬的Shini手環！

Sharon 老師的小叮嚀

手環要塑形成適合手腕圈戴的橢圓形唷！建議手環總長要比手圍小1cm，不夠長時，可再加上S圈作為加長鍊。

旋轉木馬

p.38

材料

18G麻花方線　15cm
18G麻花方線　10cm（預留作扣頭用）
18G線　30cm
26G線　120cm（A段30cm／B段90cm／C段30cm）
4mm天然石　17顆
3mm天然石　17顆
12x16mm橫洞水滴天然石　1顆

※天然石數量請依框架上捲繞的圓圈數變更。教作示範的作品為省略主石花樣＆垂墜的基本款，你也可以在基礎作法上，加入個人的創意變化喔！

How to make

Step 1

在戒圍棒上找出直徑2.5cm（約5元銅板）的位置，將15cm的18G麻花方線置中繞1圈。再在18G交叉的尾端各留1.8cm後剪掉，以圓嘴鉗分別捲成圓形。

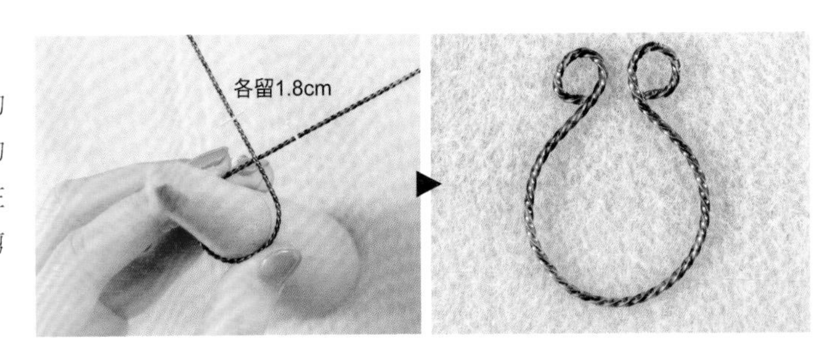

製作15個圓圈的邊框

Step 2

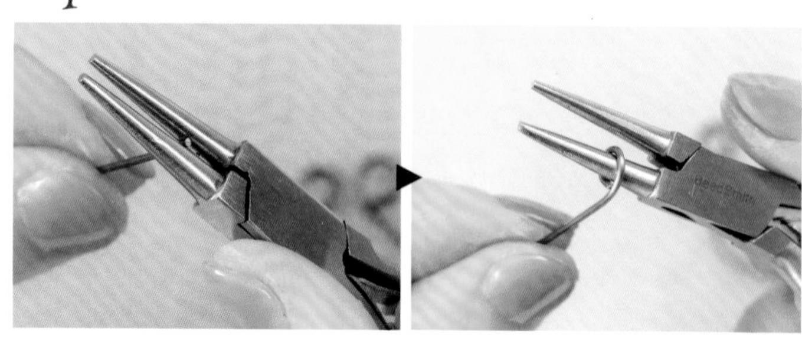

取30cm的18G圓線，以圓嘴鉗固定在線的尾端轉1圈。

Step 3

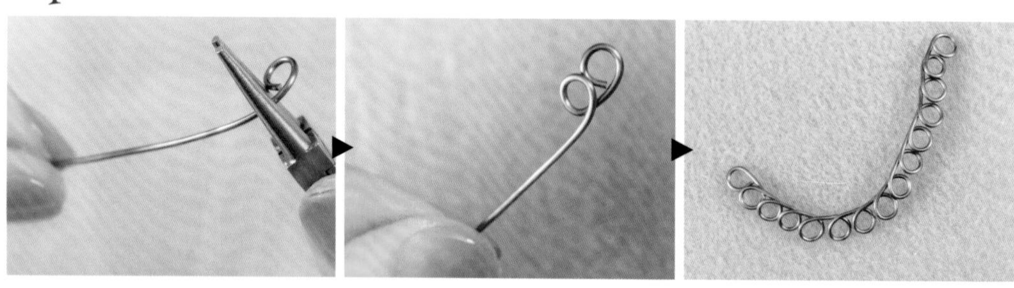

將圓嘴鉗置於第1個圓圈的後面，再繞第2個圈。依序捲出15個大小一致的圓圈。注意：15個圓圈要捲得稍小於框架的2個大圈圈。

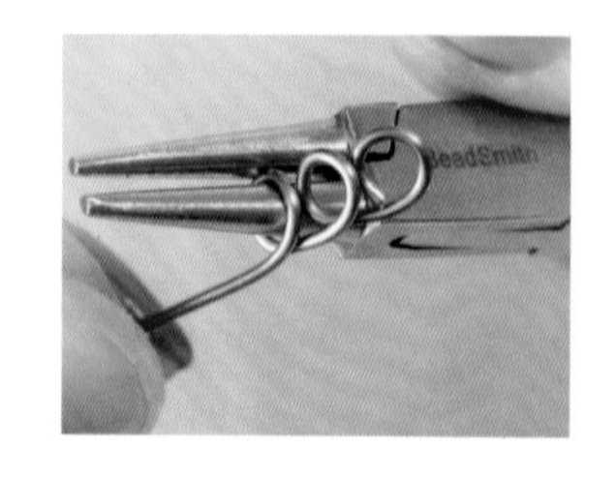

Sharon 老師的小叮嚀

通常4mm珠珠尺寸約在圓嘴鉗的中間段，
需注意夾線位置固定，轉出來的圓圈大小才會一致。

Step 4

將A段26G線起頭預留10cm，纏繞固定在已捲好的框架上後，再繞2圈固定。

Step 5

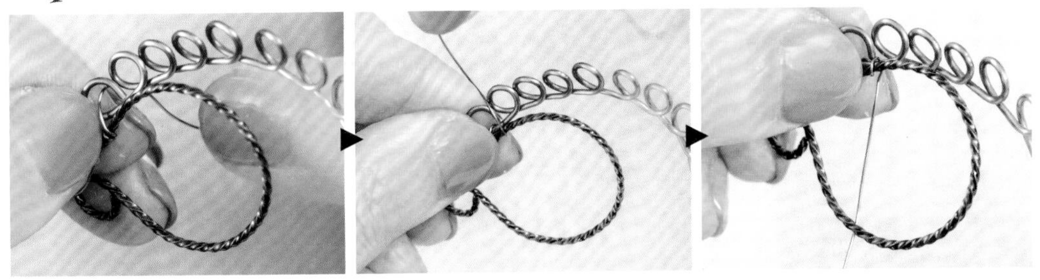

以26G線穿繞於2個圓圈中間的縫隙，將框架與15個圓圈的邊框緊密地纏繞在一起。

Step 6

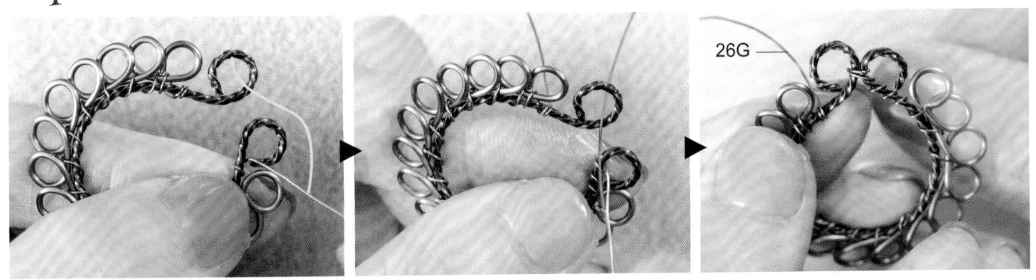

繼續以26G線朝框架的大圈纏繞約2至3圈，再將2個大圈纏繞固定在一起，並剪斷收線，僅留下26G起頭的線。

Step 7

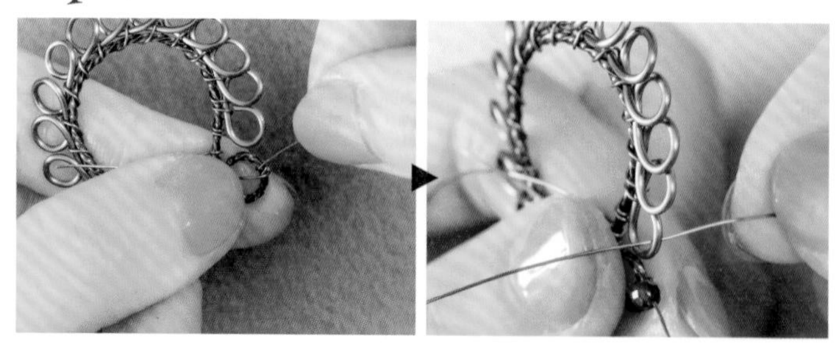

取B段90cm的26G線，在大框架邊緣繞3圈，串入1顆3mm珠子後，將線端穿入下一個圓圈中。

Step 8

接著在邊框圓圈上纏繞6圈後，串入3mm珠子。並依此相同作法完成整圈的串珠。串入最後一顆珠子後，如圖所示將黃色圓圈內的框架，繞線補滿空隙。

Sharon 老師的小叮嚀

通常4mm珠珠尺寸約在圓嘴鉗的中間段，需注意夾線位置固定，轉出來的圓圈大小才會一致。

Step 9

取30cm的26G線・C，在第一個框架上繞2圈固定後，將4mm的珠子串入26G線並橫置於圈中，再將線穿過隔壁的圈環，纏繞1圈後回到第一個圓珠的位置。依此相同作法串上17顆珠子後，將26G線剪斷收線。

Step 10

將Step4起頭預留10cm的26G線・A，穿入水滴主石後，在框架上緊密地纏繞2至3圈後剪斷收線。

Step 11

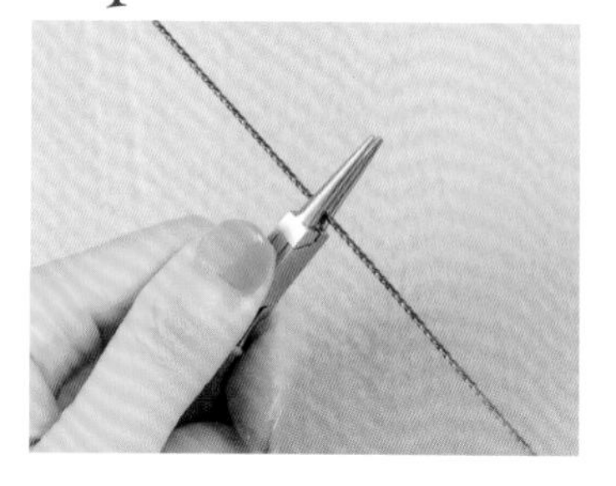

取一段10cm的18G麻花方線取中間點，放置在圓嘴鉗的最底端。

Step 12

如圖所示對折作出1個水滴狀。

Step 13

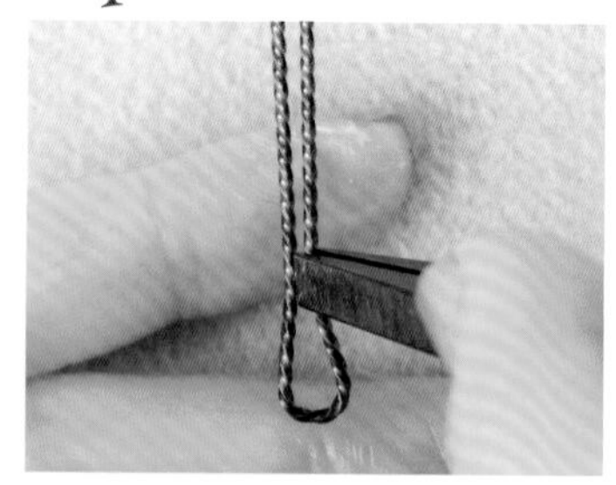

在2條線交叉處，以平口鉗將2條線夾成平行狀。

Step 14

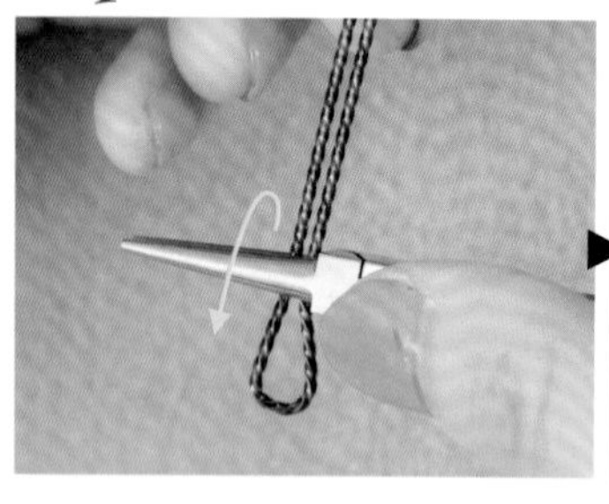

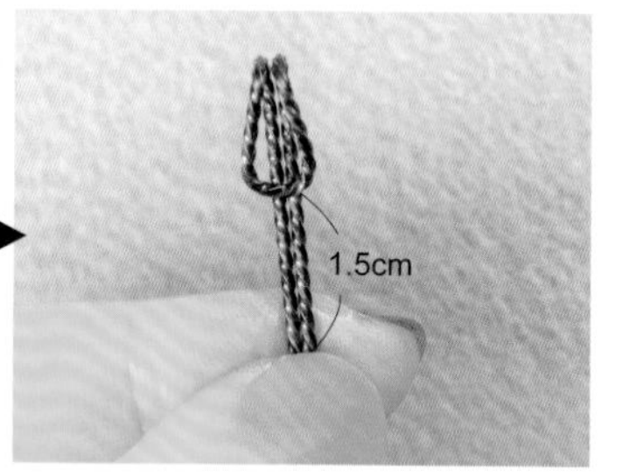

將圓嘴鉗置於圖示位置，往下拗出1個弧形再將線端剪至約1.5cm長。

Step 15

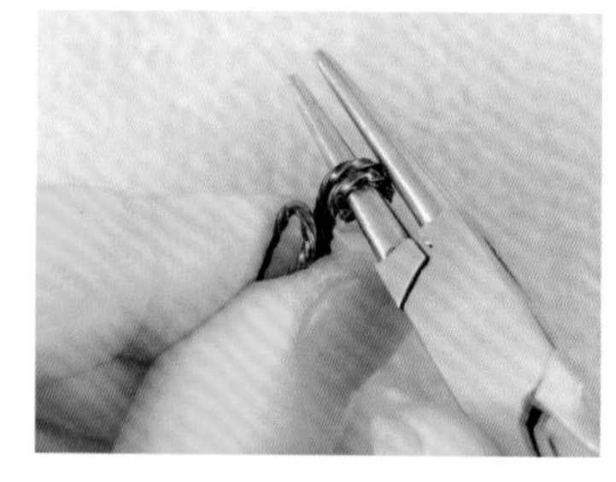

將2條線端以圓嘴鉗一起捲成圓圈狀。

Step 16

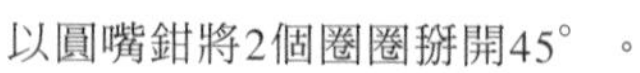

以圓嘴鉗將2個圈圈掰開45° 。

Step 17

將扣環套入主墜上兩個大圈圈內，墜頭就完成囉！再纏上1顆小珠就更美啦！。

處理皮繩

材料　皮繩30cm・20G線20cm

Step 18

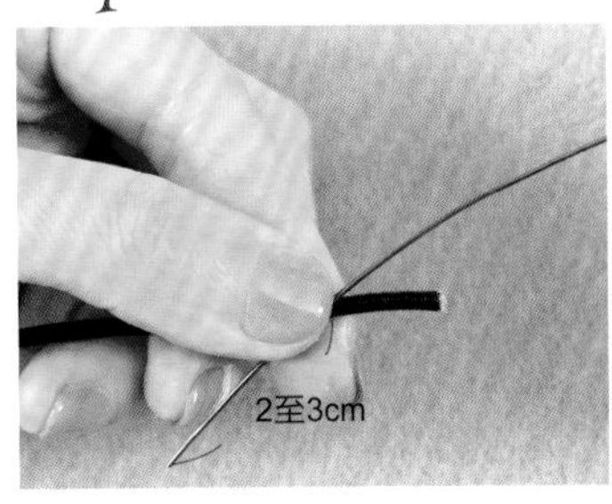

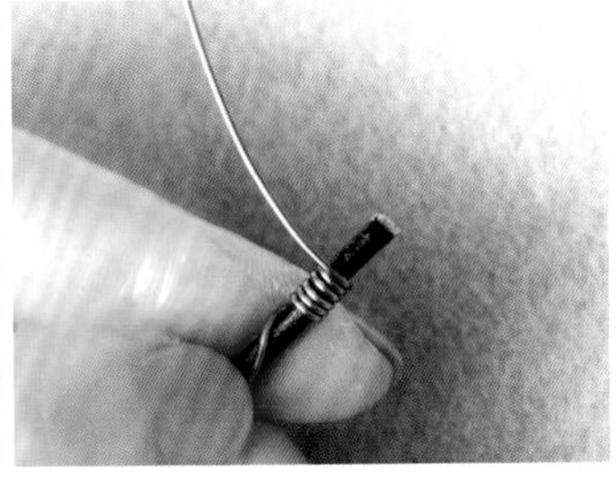

若不想使用金屬鍊，也可以試試皮繩式的作法喔！取一段10cm的20G線，前端預留2至3cm，在皮繩的尾端纏繞。

Step 19

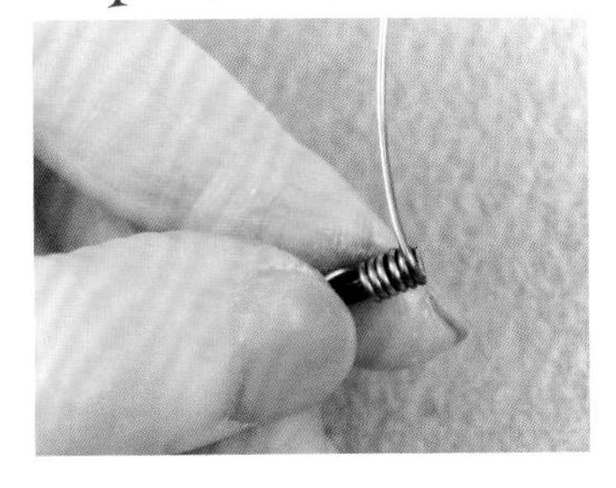

纏繞6圈後剪去多餘的皮繩。

Step 20

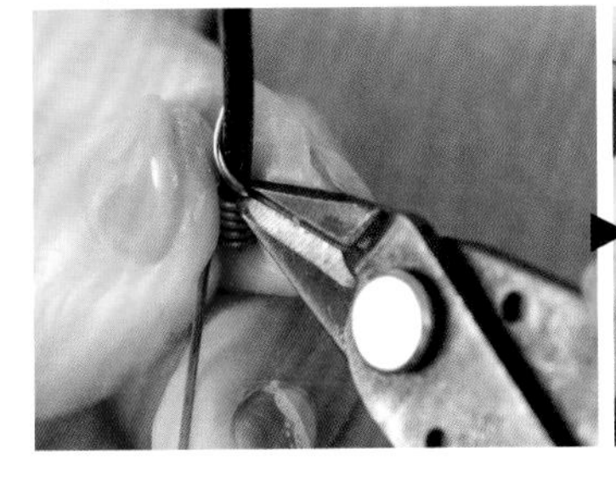

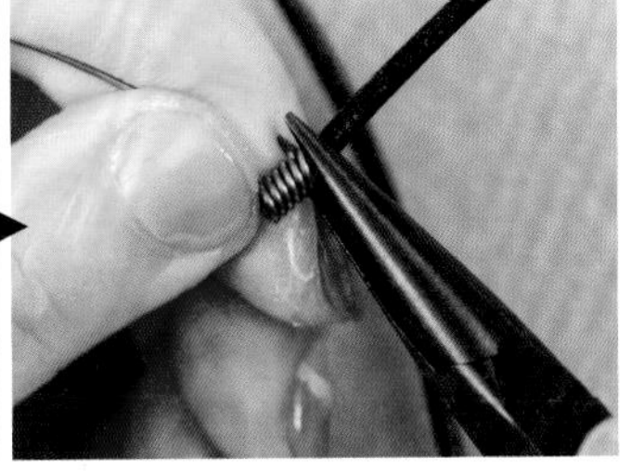

將起頭的20G線剪斷後，以尖嘴鉗將線端處壓緊以防鬆開。

Step 21

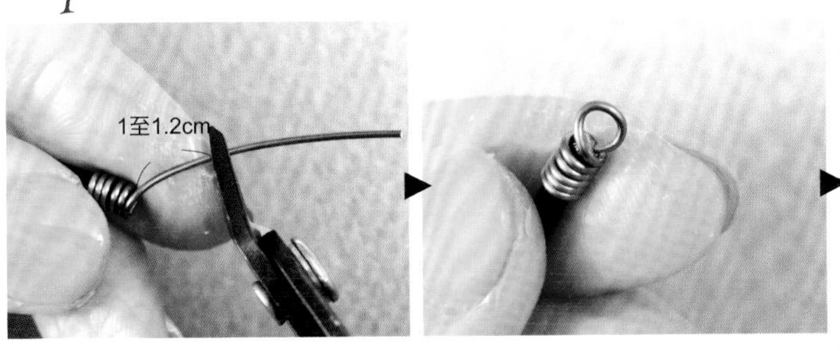

將20G線尾端預留約1至1.2cm後剪斷，作9針頭。再以相同作法處理另一端的皮繩，並自行製作＆接連上扣頭（參見P.65至P.67）就完成囉！。

後記

數字對我來說一向很頭痛，
教課的時候常常只說大概的數字：
大概15公分、大概要3圈……
諸如此類的話我想課堂上的同學都非常熟悉。

而為了這本書，我必須不斷重複演練，
才能夠測出稍微正確的數字（累癱……）
但線不夠就是再接線，項鍊或手環不夠長又有什麼關係呢？
加上s圈、c圈、長鏈來延長就是變通的作法。

同學們常抱怨：螺旋作得不好、線拉得不美……
我也就淡定地說，不好看的地方剪掉就好了！
作得不好看，重來就好了，沒關係！

就像我常說的——
金屬線最迷人的地方就是變化多端，沒有一定的規範可循。
等你熟悉它、跟它變成好朋友時，就會知道它多變又好玩了！
這就叫「線入愛裡、不可自拔」吧！

國家圖書館出版品預行編目資料

Sharon浪漫復古風金屬線編織書/姜雪玲(Sharon)
著. -- 二版. -- 新北市：雅書堂文化事業有限公司,
2020.12
面；　公分. -- (Fun手作；121)
ISBN 978-986-302-560-3(平裝)

1.裝飾品 2.手工藝

426.77　　109017029

【Fun手作】121

Sharon浪漫復古風金屬線編織書（暢銷修訂版）

作　　者／Sharon姜雪玲
文字協助／李郁津
發 行 人／詹慶和
總 編 輯／蔡麗玲
執行編輯／陳姿伶
編　　輯／蔡毓玲・劉蕙寧・黃璟安
執行美編／周盈汝
美術編輯／陳麗娜・韓欣恬
攝　　影／數位美學・賴光煜
攝影助理／李建志
出 版 者／Elegant-Boutique新手作
發 行 者／悅智文化事業有限公司
郵政劃撥帳號／19452608
戶名／悅智文化事業有限公司
地址／220新北市板橋區板新路206號3樓
電話／（02）8952-4078
傳真／（02）8952-4084
網址／www.elegantbooks.com.tw
電子信箱／elegant.books@msa.hinet.net

2018年 2 月初版一刷
2020年12月二版一刷　定價580元

經銷／易可數位行銷股份有限公司
地址／新北市新店區寶橋路235巷6弄3號5樓
電話／(02)8911-0825　傳真／(02)8911-0801

Step-by-step

the basic technique to wire jewelry

Step-by-step

the basic technique to wire jewelry